江西理工大学清江学术文库
国家自然科学基金（41361077）
江西省自然科学基金（20161BAB203091） 资助

面向特征语义单元的
地理空间建模理论与方法

刘德儿　著

北 京
冶 金 工 业 出 版 社
2019

内 容 提 要

全书从地理空间认知出发，利用系统论的观点对地理实体的空间分布机理和构成进行深入研究，建立了一种面向特征语义单元的地理空间数据模型，实现了对地理空间整体性、完备性、联系性及可认知性的组织与表达，使之更符合人们对地理空间的认知习惯，并能保持丰富的语义信息。

本书可供地理信息类专业的工程技术人员阅读，也可供大专院校有关专业的师生参考。

图书在版编目(CIP)数据

面向特征语义单元的地理空间建模理论与方法／刘德儿著. —北京：冶金工业出版社，2019.8
ISBN 978-7-5024-8202-2

Ⅰ.①面… Ⅱ.①刘… Ⅲ.①地理信息系统—系统建模 Ⅳ.①P208

中国版本图书馆 CIP 数据核字（2019）第 168732 号

出 版 人 谭学余
地　　址　北京市东城区嵩祝院北巷 39 号　邮编　100009　电话　(010)64027926
网　　址　www.cnmip.com.cn　电子信箱　yjcbs@cnmip.com.cn
责任编辑　郭冬艳　美术编辑　吕欣童　版式设计　禹　蕊
责任校对　石　静　责任印制　牛晓波
ISBN 978-7-5024-8202-2
冶金工业出版社出版发行；各地新华书店经销；三河市双峰印刷装订有限公司印刷
2019 年 8 月第 1 版，2019 年 8 月第 1 次印刷
169mm×239mm；10.25 印张；197 千字；153 页
55.00 元
冶金工业出版社　投稿电话　(010)64027932　投稿信箱　tougao@cnmip.com.cn
冶金工业出版社营销中心　电话　(010)64044283　传真　(010)64027893
冶金工业出版社天猫旗舰店　yjgycbs.tmall.com
（本书如有印装质量问题，本社营销中心负责退换）

前　言

　　空间数据模型是地理信息科学领域的一个永恒的话题，是关于现实世界中空间实体及其相互间联系的概念，是现实世界中空间实体及其联系在计算机世界中抽象的承载和模拟。它为描述空间数据的组织和设计空间数据库模式提供了基本方法，并由一系列支持空间数据组织、显示、查询、编辑和分析的数据对象组成。

　　当前，已经出现了一系列空间数据模型，但是它们都是基于分层的思想来模拟现实世界的。分层模型源于 CAD 制图领域，进而被引入 GIS 领域，一直占据着地理空间数据建模的主导地位，虽然现在提出了面向对象的空间数据模型，但实际上仍然是按要素类分层对地理空间实体进行组织的，这种模式不能完善保持地理实体间横向和纵向语义联系，不能直接实现对复杂地理对象建模，不能完全满足人们对地理空间的认知需求。

　　为此，本书从地理空间认知出发，依据系统论的观点，对地理实体的空间分布机理和构成进行了深入研究，建立了一种面向特征语义单元的地理空间数据模型，实现了对地理空间整体性、完备性、联系性及可认知性的组织与表达，使之更符合人们对地理空间的认知习惯，并能保持丰富的语义信息；同时，对该空间数据模型的地理空间建模、存储、查询等相关技术进行深入探索，并加以实现。

　　本书提出的空间数据模型的主要特点为：

　　（1）空间数据表达与地理空间认知结果具有一致性，地理空间整体性得到保持。

　　（2）地理实体的多种语义信息得到显示保存，使得地理实体变得更加智能。

（3）地理实体间具有较强层次的依赖关系，直接反映出地理实体间的从属关系，对空间关系的判断具有明显的优势。

（4）书中提出的三种特征语义对象能够构建复杂的地理实体，如组合特征语义对象能够解决后者中不能解决的同一地理实体具有不同内部特征的情形。

（5）可以实现直接面向地理实体的更加灵活的空间查询，如非空间语义查询、空间语义查询等。

（6）一个聚合特征语义对象就构成了特定的地理子空间，能够独立地支持空间访问、空间操作、空间可视化等，这个特性可以加速 GIS 系统性能。

本书的研究工作得到了南京师范大学间国年教授、盛业华教授、王永君副教授，江西理工大学兰小机教授等的指导和帮助，在此一并致谢！

本书由江西理工大学资助出版，在此对江西理工大学在各方面提供的支持和帮助表示感谢！

由于作者水平所限，书中不足之处，敬请专家和读者批评指正！

作　者
2019 年 5 月

目　录

1　绪　论

1.1　背景

3.5 万年前，在法国 Lascaux 附近的洞穴墙壁上，猎人 Cro Magnon 画下了他们所捕猎动物的图案。与这些动物图案相关的是一些描述迁移路线和轨迹线条的符号。这些早期记录符合现代地理信息系统的二元素结构：一个图形文件对应一个属性数据库。直到 18 世纪支持地形图绘制的现代勘测技术得以实用，这时出现了专题绘图的早期版本，例如依科学或户口普查数据制作的专题图。20 世纪初期，将图片分成层的"照片石印术"得到发展。19 世纪 60 年代早期，在核武器研究的推动下，计算机硬件的发展导致通用计算机"绘图"的应用。计算机绘图的出现极大地推动了地图的数字化和信息化管理，并逐步演化为地理信息系统（Geographic Information System，GIS）技术。

在 GIS 的发展过程中，空间数据模型是其中最重要的一个环节，是其赖以存在的基石。空间数据模型是关于现实世界中空间实体及其相互间联系的概念[1]，是现实世界中空间实体及其联系在计算机世界中抽象的承载和模拟。它为描述空间数据的组织和设计空间数据库模式提供着基本方法，由一系列支持空间数据组织、显示、查询、编辑和分析的数据对象组成。空间数据模型发展进程中，比较有代表性的是 ESRI 公司相继推出的三个模型：Coverage、Shapefile 和 Geodatabase。

我们知道，现有空间数据模型都是基于分层的思想来模拟现实世界的，是对计算机制图思想的一种继承体现，而人们所见到现实世界并非是分层的，而是具有有序空间联系的一个个地理实体。同时，层与层之间联系不紧密，无法表达丰富的空间语义信息，不能满足 GIS 对空间语义查询和空间语义推理的要求。

再者，不同地理信息团体之间对地理信息的认知存在差异，对同一地理现象可能赋予不同的名字，或者对不同的地理现象赋予同样的名字，这样不同地理信息团体之间的数据共享就会产生语义障碍。因此，实现 GIS 语义共享的关键是理解地理信息，自动化或半自动化地解决同名数据异义或同义数据异名等语义交叉、模糊甚至冲突的情况，从而保证共享信息语义的一致性。因而，需要有效地组织地理信息，更好地表达地理信息的语义[2]。

为此，开放地理信息系统协会（Open Geospatial Consortium，OGC）就应运而生。它主要研究和建立开放式空间数据互操作规范，规定空间数据所包含的各种标准数据类型和在这些标准数据类型上所实施的基本操作。人们都遵循这一标准，就可以方便的实施 GIS 资源共享。OGC 相继推出了一整套 GIS 互操作的抽象规范和一系列的实施规范，其中重要的规范之一就是地理标记语言（Geography Markup Language，GML）实施规范。GML 规范制定了基于 XML 的中立于任何厂商、任何平台的地理信息（包括地理要素的几何和属性信息）编码标准，用于地理信息的传输和存储。它的发布为 GIS 空间数据的建模与互操作提供了广阔的前景。GML 提供了一个基本的标签集、一个通用的数据模型和一个创建及共享应用模式的机制，来规范空间数据的建模。作为一种空间数据的描述格式，GML 具有良好的结构性，且简单易行。采用 GML 描述空间信息，可以有效地实现数据间的交换，即将数据从一个系统传送到另一个系统；也可以作为一个存储数据的重要方法，集成各种不同来源的数据，实现空间数据共享。

虽然 GML 为数据共享提供了良好的解决途径，那么 GML 是否为人们解决了语义上的问题了呢？首先，我们必须看到，GML 是基于 XML 语法用 XML 模式编写的地理编码语言，其核心是 GML 模式，其实质还是 XML 模式。XML 模式用来确定 XML 文档的结构，而不能用来确定元素的具体含义以及元素之间的语义联系。它能用一种层次的方式组织元素，不过这种层次并不包含语义信息，而仅仅是提供了一种语法来复用一些简单的结构以构造更复杂的结构，因此通过 XMLShcema 描述的数据缺乏语义信息。也就是说，GML 规范也只能用于解决语法的异构性，而不能解决语义的不一致性[3]。

那么，有没有一种编码方式能够比较完善的表达地理空间及其丰富的语义信息呢？再者，现在具有多种空间数据分类标准，这些标准都是不同组织、不同部门基于不同地理认知角度开发出来的，那么如何权衡这些认知结果来构建语义数据模型的概念体系，语义数据模型应具有哪些特征，语义数据模型应有哪些部件构成？上述问题都是构建 GIS 特征语义数据模型时需要加以解决的。

1.2　意义

随着计算机网络技术和通信技术的发展，GIS 已经走入寻常百姓的视野，GIS 应用变得非常普遍，那么 GIS 技术的发展也应跟随大众的步伐，需从专家模式向大众模式转变。而要实现这种转变，需从地理空间认知层面出发，寻求一种新的地理空间数据组织与表达模型，解决目前 GIS 发展瓶颈问题。当前，人们一直局限于分层的空间建模思想。分层模型源于 CAD 制图领域，进而引入 GIS 领域，一直占据着地理空间数据建模的主导地位，虽然现在提出了面向对象的空间数据模型，如比较有影响力的 ESRI 公司的 Geodatabase 模型，但实际上仍然是按层思想对地理空间进行组织，这种模型割裂了地理实体间横向和纵向语义联系，不能完全满足人们对地理空间认知需求。正如，"所见即所得"是 GIS 应满足人们的基本需求，而当前的数据组织方式并非能满足这种需求，为了对一个场景建模，必须构建很多个图层，场景中的各个对象分布到对应图层上，场景的整体性和联系性没有得到体现。基于特征语义单元的空间数据模型将地理实体作为构建模型的基本单元，从根本上实现了地理认知与地理表达的统一。

地理特征语义单元（或"特征语义单元"）是指具有完整地理意义上的、能够独立存在于地理空间中并与周围环境交互的、具有丰富语义信息的地理空间单元。《现代地理学词典》对"地理单元"（geographical unit）的定义是指按一定尺度和性质将地理要素组合在一起而形成的空间单位。特征语义单元同样具有一般地理单元的特点，同时又是对其进一步的提升和延展，在组成上可以是一类或多类地理单元的共同体。特征语义单元可以小到一根电杆、一栋建筑，大到一个学校、一座城市等。从组成结构上看，特征语义单元具有简单和复杂之分，如电杆就构成一简单特征语义单元，而学校为一复杂特征语义单元，在学校内部由道路、运动场、教学楼等许多其他特征语义单元构成，同时，随着尺度的变化，复杂特征语义单元也可以转换成简单特征语义单元，如在大尺度上，学校内部信息不可见，在空间上只用一个简单的面来描述。

发展面向特征语义单元的空间数据模型对于构建基于特征单元的 GIS 具有重要的现实意义。基于特征单元的 GIS 空间数据模型对地理实体的数字表示和空间描述更完备、更具有整体性，不仅能够比较好的表达地理实体间在空间上的横向和纵向拓扑关系，还能表达地理实体之间的非拓扑和属性语义关系，而这些关系在基于分层的 GIS 空间数据模型中是被遗漏掉的。同时，面向对象方法及其抽象机制的应用，使基于特征单元的空间数据模型及基于特征单元的 GIS 语义信息更加丰富，从而能够很好地表示复杂地理实体。

基于面向特征语义单元的空间数据模型构建的特征语义空间能够实现更加丰富的空间查询模式，空间查询直接面向地理实体，具有高度的灵活性，无需像传统空间查询那样需要指定特定图层。同时，特征语义单元丰富的语义信息为实现空间语义查询和空间语义推理起到了基础设施的作用，语义关系的支持使得空间查询无须经过复杂空间计算，就能够快速获得所要查询的结果。

空间数据共享与互操作一直是 GIS 界努力解决的问题，而发展面向特征语义单元的空间数据模型对推动这个问题的解决具有积极的意义。我国当前正在进行的"数字中国"地理空间基础框架的规划和建设工作，就是为了实现空间数据共享，这项工作不是以前的全要素框架数据的集成，而是要打破传统的数据表达方式，对原来的数据进行改造，重新构筑新的数字化地理空间基础框架[4]。而面向特征语义单元的空间数据模型正好可以满足这方面的需求，它能够更好地抽象和表达反映现实世界地物特征的信息，更好的方便用户提取、查询感兴趣的地物信息，维护数据的权威性、现势性、安全性等。

1.3 国内外研究现状分析

对现有空间数据模型认识和理解的正确与否在很大的程度上决定着 GIS 空间数据管理系统研制或应用空间数据库设计的成败，而对空间数据模型的深入研究又直接影响着新一代 GIS 系统的发展[1,5]。

1.3.1 面向对象的空间数据模型研究

在地理信息系统研究领域，空间特征建模已经有近三十年的时间，也出现了许多数据模型，如图斑模型、图络模型、DEM、等值线模型、矢量模型、栅格模型、基于域的模型、基于对象的模型，随着面向对象技术应用到 GIS 中，面向对象地理实体的数据建模趋于成熟[6]。面向对象空间数据建模方法成为近年来空间数据模型发展的主流。

国外学者比较早地开展了这方面的研究，指出面向对象模型对于 GIS 有潜在的优势[7~14]。Alves 描述了一种高层次的面向对象的地理数据模型，这种数据模型支持抽象和封装机制[15]。它由可分析的实体组成，这些实体描述真实世界对象，如道路、河流和气象站，同时拥有专题和空间属性。Williamson 利用 Ontologic 公司开发的面向对象的数据库系统 Vbase 实现了用于影像管理的面向对象的 GIS[11]。Milne 使用面向对象方法创建了地理对象，并使用面向对象的数据库系统 ONTOS 进行了复杂对象检索测试，将实验结果和关系数据库进行了比较[13]。Egenhofer[12]、Worboys[16]讨论面向对象技术在地理空间建模中应用，可以构建复杂的地理对象，并提出利用面向对象的方式实现地理参考信息模型。Voigtmann 等提出了一个 OOGDM（Object-Oriented Geo-Data Model）模型[17]。OOGDM 模型是一个可扩展的、面向对象的地学应用模型。OOGDM 模型能够支持栅格或矢量数据，并且能提供 2D 和 3D 的 GIS 功能。

在开放地理信息协会（OGC）的 OpenGIS 提出之前，我国部分学者已经进行了带有面向对象思想的空间数据模型方面的研究，例如基于点、线、面的实体数据模型方面的研究[5,18,19]，规范化对象数据模型研究[20]，面向对象的时空数据模型研究[21~24]等。张锦利用面向对象技术研究了面向对象的超图数据模型，在该模型中，GIS 空间要素可被抽象为几何对象模型、地理对象模型、地图表示结构对象模型和图形计算对象模型[25]。谢储晖等借助面向对象数据库研究了地理空间实体的纯面向对象表达，并进行了对象查询实验[26]。李景文等研究了面向对象的空间实体描述方法，提出了元对象和组合对象的概念，将空间实体以对象的方式进行描述和表达，并给出了面向对象空间实体矢量描述方法和面向对象空间数据共享方法[27,28]。韩李涛等提出了一种新的面向对象的三维地下空间矢量数据模型，该模型能对地下各种空间对象进行抽象描述[29]。

在 GIS 软件方面，ESRI 公司的 Geodatabase 数据模型则将面向对象空间数据模型的设计和商业化程度推向了顶峰。Geodatabase 是由 Arc/Info 8 推出的新的面向对象的数据模型，是一种将空间对象的属性和行为结合起来的智能化地理数据模型。GIS 数据集中的属性可以被赋予自然行为，属性间的任何类型的关系都可以在 Geodatabase 中定义。Geodatabase 的基本体系结构包括要素数据集、栅格数据集、TIN 数据集、独立的对象类、独立的要素类、独立的关系类和属性域。其中，要素数据集又由对象类、要素类、关系类、几何网络构成。武汉大学吉奥公司的 GeoStar 的空间数据模型就是一种基于面向对象思想的图形、属性、影像、DEM 数据高度集成的数据模型。北京超图有限公司的 Super-Map 软件采用面向对象的整体 GIS 数据模型[30]，它包括三种对象：简单对象、复合对象和场。

1.3.2 GIS 语义数据模型研究

早期对 GIS 语义的研究主要体现在数据互操作领域。Bishr 将语义定义为计算机表达与处在某种特定环境中的对应现实世界要素之间的联系，并认为语义异质是 GIS 互操作的最大障碍[31]。在 GIS 界，互操作关注焦点正在从格式集成向语义互操作发生转变，前者试图实现从一个 GIS 软件到另一个 GIS 软件的地理数据的直接转换，以达到 GIS 数据互操作的目的。这种情况下的一个变化就是标准文件格式的使用，如流行的基于 ESRI 公司的 Shapefile 文件格式。但是，这些格式可能导致信息丢失，为了避免这种问题的出现，可以选择其他更复杂的方式，如使用 SDTS[32] 和 SAIF[33] 数据转换标准。而 Mark 认为一种公共的格式对于连同语义一起的数据转换是不够的[34]，从此，语义在地理信息集成中越来越受到重视[35~42]。

加拿大 Safe Software 公司推出的空间数据转换处理系统 FME Suite 就是基于 OpenGIS 组织提出的新的数据转换理念——"语义转换"基础上发展起来的，通过提供在转换过程中重新构造数据的功能，实现了超过 100 种不同空间数据格式/模型之间的相互转换。语义转换允许用户在转换过程中重新构造数据实体，以解决以往同构转换软件中存在的问题[43]。FME 是对语义数据转换方法的实现，它不再将数据转换问题看作是从一种格式到另一种格式的变换，而是力求将 GIS 要素同构化并向用户提供组件以使用户能够将数据处理为所需的表达方式。FME 由三个主要模块组成：语义数据转换引擎、语义映射文件注册表和自动语义映射文件生成器[44]。

传统 GIS 空间数据模型设计侧重表达地理特征的几何成分，而语义关系和内部关系往往被忽视，这一缺陷大大影响了 GIS 的空间分析能力[6]和空间推理能力。为了弥补传统空间数据模型对语义表达能力的缺陷，许多研究者开始利用面向对象建模来解决 GIS 间的语义鸿沟和 GIS 数据库中的其他相关的表达问题[9]。然而，很多努力仍集中于将复杂几何和几何关系的表达作为对矢量数据模型的扩展[13,45]，没有明显的关注概念的表达。传统空间数据模型缺乏直接支持关系、数据抽象、集成、约束、非结构化对象以及应用的动态属性。尽管拥有丰富语义的数据模型的需求得到广泛认同，但是没有一个类似数据模型获得普遍认可。

GIS 语义数据模型的提出，其出发点是进一步提高关系数据模型的层次，尽量使用户从数据库的物理细节中脱离出来。从空间信息学的语言观点看，空间信息系统是语言单位（几何分布）、语法规则（空间关系）和语义规则（专题描述信息及非空间关系）三位一体形成的系统。因此，语义数据模型与几何数据模型一样具有同等的重要性[6]。20 世纪 80 年代末至 90 年代初，针对 GIS 应用中出现的相似问题，国内外相继开展语义数据模型的研究工作，开发出了一些模型，例如 SAM、E-R 模型等。Feuchtwanger 在其博士论文中系统研究了 GIS 语义数据模型，并提出了地理语义数据库模型 GSDM（The Geographic Semantic Database Model）[46]。GSDM 支持四种级别实体，分别为：Feature Entity、Profile Entity、Layer Entity 和 Composite Entity，其中 Feature Entity 是 GSDM 的核心部分，一个 Feature Entity 是专题、空间和时态的一个集合，在一个具体比例尺下存在。GSDM 支持属性类型包括专题属性、空间属性、时态属性和普通属性，其中普通属性包括比例尺、数据质量等。GSDM 支持三种类型关系，分别为 Semantic Relations、Topologic Relations 和 Abstraction Relations，其中 Semantic Relations 包括 has-subtypes、described-by 和 composed-of。朱欣焰等利用面向对象技术构建了面向对象的语义数据模型，这是国内首次提出的一种比较意义上的 GIS 语义数据模型，该模型提供了抽象化能力、并且具有分类、概括、聚合、组合等多种语义联系，通过对象类和它们之间的语义联系，可以构造出任何复杂的空间对象，并据此模型开发了一个叫 Spobase 的实验系统[47]。陈常松等对语义和语义数据模型进行了深入研究，提出了面向数据共享目的的 GIS 语义数据模型，它由地理特征以及概括、聚合、分类、关联等数据抽象概念构成[48,49]。董鹏等对特征 GIS 空间数据模型的语义进行了初步研究，认为特征 GIS 模型相对于传统的基于图层的地理关系模型具有更好的完备性和适应性[50]。Jeremy L. Mennis 从认知原理及地理信息在人脑中的反映提出了一种新的语义 GIS 数据模型，并给出了一个原型系统[51]。徐志红等研究了基于事件语义的时态 GIS 模型，由于该模型采用基于事件语义描述事件的方式，对于历史信息进行常用的简单查询及各种组合查询非常方便，同时还可实现历史的回溯及再现[52]。OGC 推出了基于 GML 的面向语义的城市建模语言 CityGML[53]，它是一种语义、几何协同城市建模语言，用于三维数字城市模型数据的交换存储的统一格式。朱庆等研究了基于语义的多细节层次三维房产模型，该模型通过空间与产权的语义描述，对三维房产管理对象间的多细节层次关系进行一体化表达[54]。赵彬彬等对 GIS 空间数据层次表达的方法进行了研究，通过层次模型实现多尺度地理空间语义关系的表达[55]。沈敬伟等参照 SDERIS、CityGML 研究了面向虚拟地理环境的语义数据模型，能够有效表达几何信息、拓扑信息、语义信息和属性信息，并对这些信息进行关联来表达实体，实现对虚拟地理环境中的实体进行无歧义表达[56]。

1.3.3 基于地理特征的地理空间建模方法研究

国际标准化组织 ISO/TC211 把地理特征定义为"对现实世界中现象的一种抽象"[57]。根据这个定义，现实中的所有地理现象都可以用地理特征来表示[58]。OGC 对地理特征的定义是"地理特征是地理空间信息的基本单元，可以递归定义，其粒度变化很大"[59]。利用面向对象技术，地理特征可以递归定义，也就是简单地理特征可以形成复杂地理特征。

地理特征应包含空间数据的三大特征：空间特征、属性特征和时态特征，此外，还应该包括地理特征概念定义部分。那么，一个地理特征组成成分应包括：几何图形、空间参考（如坐标、投影）、相关属性、次一级特征（适用于复杂地理特征）、关系（拓扑关系、非拓扑空间关系、非空间关系）、时间属性以及相联系的地理特征概念[60]。

地理特征和地理实体的区别：地理实体是真实世界的现象，一个地理实体是存在的和可区别的；而地理特征是具有相同属性及关系的一类地理实体，是地理实体在逻辑上的一种抽象。例如，长江、黄河是具体地理实体，而它们都是河流，这里河流就是它们被抽象后的地理特征。

根据前文对地理特征语义单元的定义及上述定义和讨论可知，地理特征语义单元是一类地理特征实例化的单个地理实体构成的地理单元，或多类地理特征实例化的聚合构成的地理单元。

基于地理特征的地理空间建模方法是在 20 世纪 80 年代出现的、相对于空间数据的图层（layer）组织方法而提出的新方法。基于地理特征与面向对象是两个不同的概念。基于地理特征的 GIS 空间数据模型倾向于概念建模阶段，更关注于空间认知，而面向对象的数据模型和方法可以较好地应用于逻辑模型设计和数据库的物理实现[61]，为实现面向地理特征的空间数据建模提供了基础方法。在基于地理特征的 GIS 系统中，地理特征是对空间位置的"地理"属性以及该"位置"的复杂的内部关系及自然和人文信息的描述[45]。区别于面向空间的矢量及栅格数据模型只关注空间属性的表达，基于地理特征的 GIS 空间数据模型是较高抽象层次上的模型。由于基于地理特征的建模方法更适合于人们对现实地理系统的理解方式，因此，它一出现便立即引起 GIS 界的极大关注，并立即被应用于 GIS 技术发展及应用实践中，其中最重要的应用领域有两个：一个是 GIS 标准化研究及标准制定；另一个是基于地理特征的 GIS 数据库的开发工作[62]。

基于地理特征的 GIS 研究一直是一个比较受关注的研究领域，一些学者已经开展了以地理特征为基础的空间数据模型研究。E. Lynn Usery 提出了一个在 GIS 中构造地理特征的概念模型。该模型明确地包括空间、专题、时间三方面的属性和关系，以构造基于地理特征的 GIS，并且以认知心理学中的分类理论、以及地图制图学与 GIS 中发展形成的数据建模理论为基础[63]。该模型能有效地表示三维和更高维实体以及时间事件。该模型还直接支持地理现象的多种空间表达，诸如栅格和矢量数据。Tang 等针对基于地理特征的 GIS 系统设计了一个空间数据模型——面向对象的特征模型[45]。该模型采用面向对象方法以整体的方式来体现地理特征和关系。Joseph 等研究了基于地理特征的地理信息共享，把地理特征作为地理信息交换最小单元[64]。

国内方面，对地理特征的研究也得到了比较多的重视，主要体现在面向地理特征的空间数据组织和行业应用的支持。陈常松等提出利用地理特征作为建模的基本概念，并结合资源和环境信息的描述，提出了利用地理特征的方法描述资源和环境信息的描述框架及数据组织方法[65]。对于河流、交通、输配电网、自来水、煤气管道等线状地理特征建模，基于地理特征的方法在特征实体的整体表达和操作及语义共享中表现更为突出。罗平等将地理特征概念引入元胞自动机，构建了地理特征元胞自动机（Cellular Automata，CA）概念模型，通过实践表明地理特征 CA 可以更真实地描述元胞地理信息、局部空间关系和演化规则[66]。陆锋提出了利用基于特征的方法设计城市交通网络的非平面数据模型[67,68]。崔伟宏等将基于地理特征的时空数据模型用于土地利用变化动态监测和环境变迁中[69,70]。柯丽娜等将基于地理特征的时空数据模型应用于地籍变更工作的动态管理中[71]。赵东等将基于地理特征建模地学可视化数据建模方法应用于中科院地理信息产业发展中心主持开发的大型 GIS 平台 SuperMap 的三维子系统开发中去[72]。李满春等研究了基于地理特征的土地利用空间数据库模型，指出基于地理特征的空间数据库中的数据不仅能反映空间位置及其关系，而且能描述和表达地理环境中现象之间的语义与时态关系[73]。它与基于图层的空间数据库的主要区别在于特征分割存储与整体存储。付哲在其博士论文中研究了基于地理特征的空间对象表达，提出一个地理特征对象由语义对象和几何对象构成，语义对象包括语义属性、语义关系、语义操作等构成，几何对象包括几何属性信息、几何关系、几何操作等构成，比较好地实现了虚拟地理环境建模[62]。Weihong Cui 等研究了基于地理特征的时空数据模型，通过地理特征将时间和空间建立有机联系[74]。李景文、李文娟等从空间认知角度研究了基于地理特征的空间数据模型，对地理特征概念进行了界定，指出地理特征由语义对象和空间对象构成[75,76]。在地理特征对象模型中，将地理特征分为两种：简单地理特征和复杂地理特征。

其中，复杂地理特征由简单地理特征聚集而成。简单地理特征是对几何对象赋属性，由几何对象和描述几何对象的属性或语义两部分构成。

Divid Arctur 等学者曾指出："建立基于特征的时空数据模型对于实现 GIS 互操作、对地理实体进行更新、按谱系查询、进行复杂地理分析具有广阔的前景"[77]。基于地理特征的数据模型不仅能支持各种应用所需的地理实体定义信息，而且能提供符合人们思维的高层次描述术语，从而克服现行 GIS 系统中信息定义不完备性和低层数据抽象性的不足[78]。因此，基于地理特征的数据组织方法仍然是 GIS 界值得研究的一个重要课题。

1.3.4 当前研究存在的不足

综前所述，当前 GIS 空间数据模型研究存在以下不足：

（1）传统分层概念不利表达复杂的地理空间对象。早期的 GIS 和现在流行的 GIS 都是将地理特征表达为带有分类属性的几何对象，然后以层（layer）为概念组织、存储、修改和显示它们，分层几乎成了 GIS 的一个必不可少的基本特征。当然，GIS 的"分层"和 CAD 的"分层"有所不同。首先，GIS 同一层中的对象都具有相同的空间维数，为点、线或面中的一种；其次，GIS 层中的对象一般都属于同一地形或地物类型，整个层构成了具有某一地理性质的一幅专题地图。CAD 的层则没有这些要求，它不要求其中的对象属于某一基本几何类型，分层者可以根据自己的需要对实体进行组织。

GIS 的分层思想给我们在地理对象的管理上带来了极大的方便，在实际应用中已广为开发者和使用者接受。但是，在真实的客观世界中，用户感知到的地理现实世界是一个个地理实体，如道路、建筑、山和种族移民区域等，而不是数据层（layer），所设计的数据模型应该能直接反映这种感知[63]。我们知道，分层概念是根据人们已有的认识和经验对客观世界进行硬性分割的，也许能够较好地满足一时的要求，但很难保证未来新的应用提出的新要求能得到有效的满足。因此，为一种目的进行的分层体系很难满足另外其他的目的，从而使系统的通用性降低。而且分层概念使得本来联系紧密的地物分开存贮，复合操作和分析时效率低下。

（2）传统面向实体表达的数据模型忽视语义和语义关系。目前面向实体表达的空间数据模型的主要代表是 ESRI 公司的 Geodatabase，由于其简单的建模方式，已被用户广泛所接受和热衷。传统 GIS 主要侧重表达地理特征的几何成分，其语义关系和内部关系往往被忽视，这一缺陷大大影响了 GIS 的空间分析能力[45]。这就使建成的 GIS 成了功能层次较低的空间数据存贮和管理系统，难以进行较高层次的空间分析和直接提出决策方案。语义关系的忽视实际上是对一部分地理现象规律的忽视。因为，所有的地理空间实体都分布在一定的地理系统中，其地理性质的相互关系形成了空间的分布、形式、结构和规律等方面的内涵。所以，对于相互关系（包括语义关系）的忽视自然是对地理本质规律的忽视[79]。

另外一点是，现实世界里有一些对象虽然在空间上并不相关，但它们在实际生产和生活中具有很强的联系，部分是因为人的活动使它们具有了紧密的逻辑联系，如居民区与飞机场、研究所与野外试验场等。忽视语义关系会使我们在已有的认知水平上对原本为有机整体的地理世界进行僵硬的分割，从而导致基于这种认识的 GIS 在复杂的、深层次的空间分析上显得被动[79]。

（3）构建 GIS 语义数据模型的地理概念模型研究不够深入。地理概念模型是语义模型设计的基础和依据，目前地理概念模型主要指各种分类体系，分类体系是否能够直接用于构建 GIS 语义数据模型呢？对此，陈常松等对当前的地理信息分类体系与语义数据模型的关系进行了研究，指出地理信息分类体系在 GIS 语义数据模型设计中具有一定局限性[48]。他指出，在分类体系的基础上进行语义地理数据模型的设计，至少要解决三个问题：

1）拓展描述能力，使其能描述地理实体及地理特征之间的 $n:n$ 关系。

2）为每一地理特征或地理实体及其之间的关系增加标准属性说明信息，并进而讨论各种关系的建立。

3）讨论它的动态实施结构及其空间完整性、实体完整性等约束。

（4）当前基于地理特征的空间数据组织和表达需深入研究。虽然在概念层次上做了比较充分的研究，但在实际实现中还是将地理对象分类组织，要获取一个复杂地理对象，还需要逐个访问多个类，地理空间的完整性和紧密联系性不能完全体现，地理空间认知与表达层面没有达到一致性。

1.4　目标、内容及技术路线

1.4.1　目标

本书从地理空间认知出发，利用系统论的观点对地理对象的空间分布机理和构成进行深入研究，试图探索一种完全基于地理空间认知的地理空间数据组织模式，使之更符合人们对地理空间的认知习惯，并发展一种面向特征语义单元的空间数据模型，突破现有基于分层的地理空间数据组织模式不能完善地保持地理实体间横向和纵向语义联系的局限性，实现对地理空间整体性、完备性、联系性及可认知性的组织与表达，并提出适合特征语义单元的空间数据库存储模型，实现面向特征语义单元的空间数据存储与访问接口、空间查询语言等系列相关技术。

1.4.2　论述内容

由于多尺度问题和时态问题的复杂性，本书暂不论述，书中所有问题的讨论都是基于一定尺度的。本书主要论述以下几方面的内容：

（1）地理空间认知结果的模型表达。深入探讨和审定地理空间认知，揭示地理空间认知原语，提出比较完备的地理空间认知结果结构化表达的概念模型，使之能够充分地描述所认知的地理空间中的实体构成及实体间的相互关系。

（2）面向特征语义单元的空间数据组织与表达。在（1）的基础上，对特征语义的概念进行界定；对组成地理空间的特征语义单元加以讨论，提出符合描述不同级别特征语义单元的特征语义对象及其构造；进而，结合面向对象的空间数据模型理论与方法，以及 GIS 语义模型研究成果，研究构建面向特征语义单元的空间数据模型。

（3）特征语义单元的空间数据库存储与访问。借助当前比较成熟的对象-关系数据库理论，研究特征语义对象的数据库存储模型，使之能够完全保存特征语义对象的各种语义信息，维护地理空间的整体性和联系性；研究空间数据表达模型与存储模型之间的快速、无缝存/取机制，并构建一个高效空间数据存储与访问接口。

（4）面向特征语义单元的空间查询语言。深入分析比较格网索引、R 树、四叉树等主要空间数据索引方法，研究适应（2）提出的模型对空间数据组织与表达的索引机制；针对（2）提出的空间数据模型所具有的特性，结合 SQL 查询、面向对象查询及现有 GIS 软件的空间查询与分析机制，在空间索引的支持下，研究适合该模型空间查询语言。

（5）基于现有空间数据的特征语义空间构建。分析传统空间数据模型与（2）提出模型的异同点，建立两者之间的映射机制，构建传统空间数据模型与本研究模型的转换接口，在基于现有空间数据的基础上实现特征语义空间的创建。

1.4.3 技术路线

本书涉及的技术路线如图 1-1 所示。

（1）相关概念界定。对地理特征、地理特征概念、地理特征语义、地理特征语义单元、地理特征语义对象等相关概念进行界定。

（2）建立地理空间认知表达模型。对地理空间认知理论与方法进行研究，分析人们对地理场景认知的自然描述，揭示地理认知空间分布描述蕴涵机理，结合面向对象和基于特征的空间数据模型理论与方法，及语义数据模型研究成果，提出一种适合地理空间认知结果描述的概念模型，实现对地理空间认知结果自然语言描述的模型表达。

（3）构建面向特征语义单元的空间数据模型。在（1）、（2）的研究基础上，研究构建面向特征语义单元的空间数据模型的体系架构，提出该模型空间数据建模解决方案, 实现面向特征语义单元的空间建模。

(4) 基于特征语义单元的空间数据存储与访问实现。为实现空间对象的持久化, 借助对象-关系数据库技术, 设计基于特征语义单元的空间数据存储模型, 对所有信息无损记录、保存, 研究特征空间的空间数据访问策略, 开发一个高效的空间数据的存储与访问接口。

(5) 面向特征语义单元的空间查询语言实现。对 R 树、四叉树等主要空间索引机制进行比较研究, 提出一套适合面向特征语义单元的空间数据组织的索引方案, 以提高空间查询与检索效率。针对本研究提出的空间数据模型所表达的地

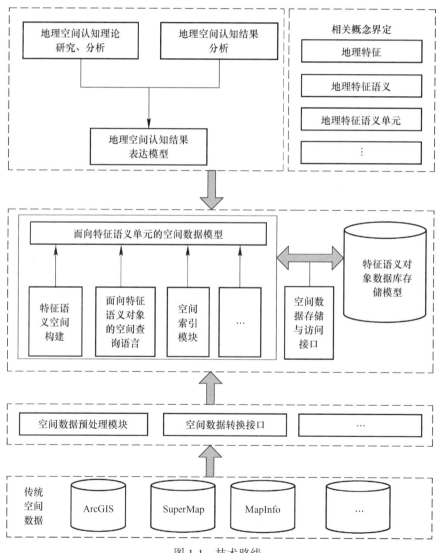

图 1-1 技术路线

理空间数据具有树型结构特征，借鉴树型结构数据搜索策略，研究适合此模型的查询机制，构造丰富的、支持语义的空间查询与分析算子。充分利用此模型对语义的支持，构建空间关系自然语言表达词汇系统，并分别与对应空间算子建立映射。

（6）传统空间数据模型到本研究模型的转换接口设计。分析传统空间数据模型与本研究模型的属性和几何表达的差异性，建立两者之间属性和几何的转换映射关系，选择对应特征概念分类体系来标定特征语义对象的特征语义，构建数据转换接口，并基于转换后的数据进行空间查询实验。

2 地理空间认知及认知结果表达模型构建

地理空间认知是构建 GIS 特征语义数据模型的理论基础，包括地理空间信息认知、非空间信息认知和综合地理信息认知，其中地理空间信息认知采用位置关系、拓扑关系和方位关系、距离关系进行表达，非空间信息认知采用"聚集"、"概括"等机制，综合地理信息则是地理空间信息和非空间信息认知的集成。

2.1 地理空间

人们的认知活动是离不开空间的，不同的认知对象对应不同认知空间。迄今为止，人们已经从许多不同角度对于自身是如何认识和理解空间的问题进行了研究，并尝试建立了各种不同的空间模型。Freundschuh 等人曾对 1960~1993 年间所提出的 15 种空间模型进行了比较、分析，基于空间的可处置性、移动性和尺寸，将空间区分为可处置物体（manipulable object）、非可处置物体（non-manipulable object）、环境、地理、全景（panoramic）和地图空间，并以"空间大小（size of space）"和"空间类型（kinds of space）"为轴，并绘制了 15 种空间模型的对比图[80]。鲁学军对此图进行了归并、校正及重绘[81]，如图 2-1 所示。可处置物体空间是由小于人体可以处置的物体组成的小尺度空间，不需要移动就可全面感知；非可处置物体空间是由大于人体但小于房子、不能被处置的物体组成的小尺度空间，需要移动才能全面感知；环境空间是由大于房子的不能被处置物体组成的大空间，需要移动才能全面感知；地理空间是由非常大的不能被处置物体组成的大空间，该空间由于实际限制，不能通过移动来全面感知；全景空间包含不能被处置物体，是介于大尺度空间和小尺度空间的中尺度空间，该空间不需要移动便可全面感知；地图空间是以符号化形式缩小和简化空间信息的大尺度空间，它不需要移动便可感知其所代表的空间[82]。

相对于个人视觉范围内的静态桌面空间，地理空间是一种超出个人视觉范围需要视点移动并实行群体集成的中观空间，它不同于借助电子显微镜观察的微观粒子空间和抽象演绎的宏观宇宙空间[83]。地理空间上至电离层，下至莫霍面，有着广阔的范围。但一般地理空间指的是地球表层，其基准是陆地表面和大洋表面，它是人类活动频繁发生的区域，是人地关系最为复杂、紧密的区域。当前地理信息科学采用的是质朴地理学（Naive Geography）的观点，将地理空间定义为包含不能被人随意处置的事物，即地理事物的空间，地理空间一般不能从一个观

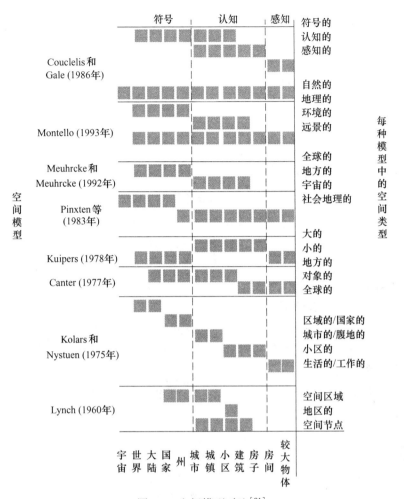

图 2-1 空间模型对比[81]

察点全面感知。在这个定义中，心理学中的环境空间和地理空间均包含在地理信息科学中地理空间的范畴，如一个校园、一个洲等，均可作为一个地理空间[82]。

地理空间的研究是地理学的基本核心之一，其主要内容包括：

（1）地理空间的宏观分异规律与微观变化特征；

（2）地理事物在空间中的分布形态、分布方式和分布格局；

（3）地理事物在空间中互相作用、互相影响的特点；

（4）地理事物在空间中所表现的基本关系以及此种关系随距离的变化状况；

（5）地理事物的空间效应特征；

（6）地理事物的空间充填原理及规则；

（7）地理事物的空间行为表现；

（8）地理空间对于物质、能量和信息的再分配问题；

（9）地理事物的空间特征与时间要素的耦合；

（10）地理空间的优化及区位选择的经济价值。

2.2　地理空间认知的概念及其认知主题

2.2.1　认知及地理空间认知概念

2.2.1.1　认知概念

现代"认知心理学之父"奈瑟（Neisser）认为，认知是指感觉和使用的全部过程。认知通常被简单定义为对知识的获得。如果没有认知过程，一切科学创造活动都是不可能完成的。因此，科学创造主体认知心理过程的和谐在科学创造活动中具有特别的重要性。赵艳芳认为认知是心理活动的一部分，是与感情、动机、意志等心理活动相对应的理智思维过程，是大脑对客观世界及其关系进行信息处理从而能动地认识世界的过程[84]。

认知的一般概念是指认识活动或认知过程，即个体对感觉信号的接受、检测、转换、简约、合成、编码、储存、提取、重建、概念形成、判断和问题解决等信息加工的过程。

认知的概念有广义和狭义之分，广义的概念是指应用现代信息加工处理理论将人的认知看成是一个过程，包括：

（1）接受和评估信息的过程；

（2）产生应对和处理问题方法的过程；

（3）预测和估计结果的过程。

狭义的认知概念是指认识。广义的认知概念侧重认识过程中的观念或态度形成及其改变的策略。由于认知概念的提出在很大程度上是与大脑信息加工过程理论密切相关的，如感觉、知觉、注意、记忆等与认知的接受过程密切相关，智慧、思维、情感和性格等与认知的应对、处理和结果预测等过程相关，因此广义的认知概念包括传统心理学中的多种心理活动。

2.2.1.2　地理空间认知概念

在 20 世纪 80 年代末，隐藏在地理信息系统之后的地理信息科学思想出现并非来得突然，是地理信息系统在理论和知识方面成熟的部分体现。1990 年 7 月在苏黎世召开的空间数据处理国际会议上，Goodchild 的主题报告就以"空间信息科学"为题。经过修改后的文章定名为"地理信息科学"，发表在国际地理信息科学（IJGIS）杂志上。文章的名称由空间改变为地理，杂志名称也从地理信息系统改为地理信息科学[85]，在短短几年里，一个新研究领域及一门新的科学出现了[86]。地理信息科学的出现是有一定的认知基础的。80 年代中期，认知问题开始被直接关注，当时 GIS 研究者发现认知科学对提供关于如何发展更丰富理论基础的洞察力比欧几里得几何与图形理论更有潜力。

　　随着 GIS 的广泛应用及地理信息科学的发展，地理空间认知（geospatial cognition）作为地理信息科学的一个重要研究领域得到广泛重视。1995 年美国国家地理信息与分析中心（NCGIA）发表了"Advancing Geographic Information Science"报告，提出地理信息科学的三大战略领域：地理空间认知模型研究、地理概念计算方法研究、地理信息与社会研究，它们分别对应人类如何对地理空间进行概念化和推理，地理概念如何被形式化和计算实施以及地理信息的社会应用和服务。美国国家科学基金会（NSF）为了支持 NCGIA 继续推动和发展地理信息科学，自 1997 年连续 3 年资助 Varenius 项目，支持在这三大战略领域的研究。美国大学地理信息科学联盟（University Consortium of Geographical Information Science，UCGIS）在 1996 年确定地理信息科学若干优先研究领域的基础上，于2002 年再次推出了新的研究议程白皮书，从长期研究挑战和短期优先研究领域两方面规划了 10 个主要研究论题，其中的主题就包括了地理认知、地理本体、地理表达等[87]。空间信息理论会议（COSIT）是有关地理信息科学认知理论极富影响力的论坛，它是促进地理信息科学认知基础研究领域发展和成熟的一个重要标志。该会议自 1993 年每两年举行一次，召集了来自地理学、大地测量学、地理信息科学、计算机科学、人工智能、认知科学、环境心理学、人类学、语言学及思维哲学等空间信息理论的专家。会议主题是大尺度空间，特别是地理空间表达的认知和应用问题。议题涉及经验调查的理论内涵、形式模型、应用以及空间信息技术等。1997 年在北京举行的专家讨论报告中，地理信息认知作为地球信息机理的组成部分而成为 GIS 的基础理论研究之一。2001 年中国自然科学基金委在地球空间信息科学的战略研究报告中，把地理空间认知研究作为基础理论之一列入优先资助范围[88]。由此可见，地理空间认知研究作为地理信息科学的核心问题之一，已经得到普遍的认同[82]。

　　认知科学是由计算机科学、哲学、心理学、语言学、人类学、神经科学交叉于 20 世纪 70 年代末才形成的关于心智、智能、思维、知识的描述和应用的学科，研究智能和认知行为的原理和对认知的理解，探索心智的表达和计算能力及其在人脑中的结构、功能和表示。哲学上，意识是人脑对物质的主观能动反映。相对于强调客观观察、环境影响、环境适应和实际功效的行为心理学，认知心理学更多地通过自我内省方法来探究人类心理活动（尤其心智结构发展）规律。进一步，假设人类心理活动可以表征为物理符号变换[89]。这里，"物理"符号指外在的或潜在可以外在化的符号，甚至包括神经元活动模式等。自然地，符号结构变换形式化了心理活动规律。这种意义下，认知科学实际已经将形式计算、心理活动和客观规律统一于广义信息加工，或者说认知科学是一门以广义信息加工观点来探究人类心理活动规律的科学。据此，我们可以定义地理空间认知是人-机-地交互系统中广义地理空间信息加工理论。更具体地，地理空间认知是人-机-地环境下地理空间结构变换及其符号表征理论[83]。

2.2.2　地理空间认知的四个主题

空间认知是人们认识在生存环境中诸事物、现象的形态与分布、相互位置、依存关系以及变化和趋势的能力和过程。地理空间认知（geospatial cognition）关注人们可以活动于其中的空间，而不是室内空间、桌面空间甚至抽象的欧氏空间；其次，它研究的地理对象除了空间分布特征外，还具有丰富的地理语义，即空间属性和非空间属性在知识加工过程中是密不可分的。因此，地理空间认知主要关注地理空间参照、地理概念、关系、不确定性，以及认知相关的空间知识表达（如自然语言形式和可视化图表形式）和行为（如寻路和导航）等主题[90]。

对此，地理空间认知需要解决四个主题："What"，"Where"，"When"及"How"，这四个主题包涵了以上所涉及的所有主题。

（1）"What"是指地理现象或地理实体是什么以及它所具有的非空间特征，如纹理、颜色。

（2）"Where"是指地理现象或地理实体所处的地理位置、大小和方向等空间信息。

（3）"When"是指地理现象或地理实体产生、变化、消亡的时刻点。

（4）"How"是指地理现象或地理实体与周围环境的关系，如拓扑关系、方位关系、度量关系，这个主题在目前 GIS 空间数据模型中还很少表达。

2.3　地理空间认知过程及认知抽象模型

2.3.1　地理空间认知过程

对空间认知过程影响最深刻的是 Marr 的草图（sketch）模型[91]，很多有关的认知研究都在此模型基础上进行。草图模型的研究从场景的感觉登记（图像记忆）开始，到场景被识别为一系列配置在空间中的物体、概念的实例结束。该过程分为 3 个阶段：第一阶段形成原始草图的表达，光线亮度大小及其变化部署成为一系列在各个方向的斑点、线段、曲线等的简化和缩影，形成局部几何形式的心理表达；第二阶段形成 2.5 维草图的表达，原始草图通过许多心理过程，如立体影像、阴影、纹理、周线等的处理，形成包含从某个观察点得到的视觉表面宽度、方向、边界和间断性等心理表达；第三阶段形成三维草图的表达，各个物体从环境中提取和辨识。前两阶段坐标系统以观察者为中心，第三阶段以对象为中心，获取信息包含体积、占据空间和各部分的形状等；在此基础上，通过特征分析法或原型匹配法，物体成为类型化概念的实例而完成场景的知觉过程[82]。

地理空间认知到 GIS 的过程包括地理数据的采集、整理、处理等，在这个过程中，人类通过对地理信息的感知、编码和解码，在头脑中形成对真实地理世界的认知表达，经过多层的抽象，在计算机中实现现实世界到数字世界的抽象表达，如图 2-2 所示的认知过程。在认知世界中，来自不同的地理信息团体（Geographical Information Community，GIC），根据自身的领域需求，对客观世界形成了各自的观点和看法；在工程世界中，数据元模型是对现实地理世界的抽象描述，数据元模型组成地理实体，对地理实体进行类别分层或实体分层，对分层实例化形成概念模型，再进一步通过计算机实施，形成对现实地理世界的计算表达。工程世界在表达真实世界时，只有充分反映认知世界中人类如何感知和认识真实世界，其地理数据才能真正被理解并广泛应用于各行各业的分析和决策。因此，GIS 的数据元模型对地理实体的描述（数据模型）和实体的组织（数据组织）必须能够反映认知世界中常识性地理认知，符合日常生活中人类的思维方式和习惯，工程世界的计算表达才能反映人类对真实地理世界的认知，GIS 才能真正为各个应用领域的常识性空间分析和决策提供最大支持[92]。

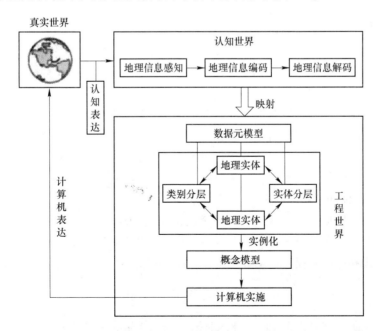

图 2-2 地理世界到计算机表达的认知过程[92]

2.3.2　地理空间认知抽象模型

2.3.2.1　GIS 的三个抽象层次

从现实世界到计算机的实现经历了三个层次的抽象模型：概念模型、逻辑模型、物理模型，如图 2-3 所示，这三个抽象层次分别划分为概念世界和数据世界。

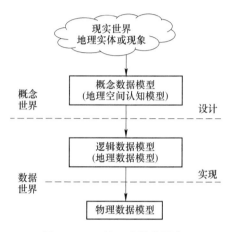

图 2-3　GIS 的三个抽象层次

概念世界对现实世界认知结果的进行分类、提取，获得 GIS 所需的空间概念类，形成地理认知概念模型。概念数据模型表示数据及其相互间的关系，与 DBMS 无关的、面向现实世界的、易于用户理解的数据模型，常用实体模型（E-R 图）等表示。

逻辑数据模型是在概念模型的基础上导出一种 DBMS 支持的逻辑数据库模型（如关系模型、层次模型、网络模型、面向对象模型、对象关系模型等），该模型应满足数据库存取、一致性及运行等各方面的用户需求。该模型是在 GIS 软件运行时出现，驻留在内存中，如 ArcGIS 的 Geodatabase 数据模型，通过一种数据管道和物理数据模型进行连接。

物理数据模型从一个满足用户需求的已确定的逻辑模型出发，在限定的软、硬件环境下，利用 DBMS 提供的各种手段设计数据库的内模式，也就是设计数据的存储形式和存取路径，如文件结构、索引设置等。

2.3.2.2　Frederico Torres Fonseca 的认知模型

在前人研究结果的基础上，Frederico Torres Fonseca 在其博士论文"基于本体驱动的地理信息系统"[95]中提出了地理空间认知的五个领域层次：现实世界领域、认知领域、逻辑领域、表达领域和实现领域，如图2-4所示。

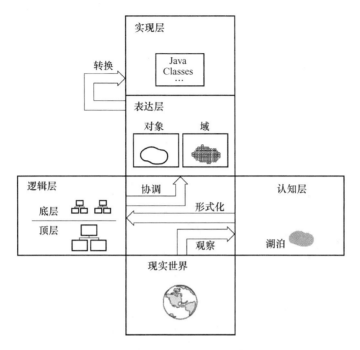

图 2-4　五层认知模型[95]

在这个认知模型中，现实世界领域处于最底层，它是真实物体存在的场所，人们通过认知系统对现实世界中的物体进行捕捉、分类并存储于人脑记忆中。在认知领域对存在于记忆中的认知信息进行加工、处理，再对结果利用一种框架（如 OWL）进行明确形式化，在逻辑领域可得到高层本体和底层本体。高层本体包含更具普遍性的真实世界的理论，如自然地理学理论中的普遍性概念，低层本体是更具普遍性的本体的规范；它们可以在特定领域、特定任务中加以详细地描述。逻辑领域通过语义关系中介（mediators）连接到表达领域。在表达领域有两模型：对象模型和连续场模型，对象模型用于描述离散的空间实体，连续场模型用于描述连续的空间现象，如温度场、风场等。最后，通过一种机制将表达领域模型转换成实现领域中的具体计算机语言类，如 Java 类。

2.3.2.3　OGC 的九层认知模型

对地理对象的抽象过程通常认为有 9 个层次[96]，在这九个层次之间通过 8 个接口与它们连接，定义了从现实世界到地理要素集合世界的转换模型。这 9 个层次依次为现实世界（real world）、概念世界（conceptual world）、地理空间世界（geospatial world）、尺度世界（dimensional world）、项目世界（project world）、点世界（points world）、几何体世界（geometry world）、地理要素世界（feature world）以及要素集合世界（feature collection world），如图 2-5 所示。连接它们的 8 个接口分别为认识（epistemic）接口、GIS 学科（GIS discipline）接口、局部测度（local metric）接口、信息团体（community）接口、空间参照系（spatial reference）接口、几何体结构接口、要素结构接口及项目结构接口。其中前五个模型是对现实世界的抽象，并不在计算机软件中被实现；后四个模型是关于真实世界的数学的和符号化的模型，将在软件中被实现。

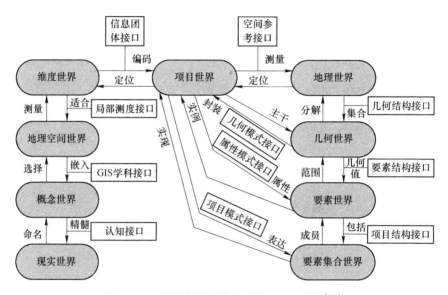

图 2-5　地理对象认知抽象过程的九个层次[96]

2.3.2.4　以上两种认知模型的比较

从以上两种抽象认知模型可以发现，我们认知和表达现实世界的过程基本相似，然而由于应用的目的、学科背景、出发点等不同因素，有可能获得认知结果不同，例如同一河流在水利部门把它归类为农田水利设施，而在交通部门把它归类为航道运输。对于 Frederico Torres Fonseca 提出的五层认知模型是从应用本体建立和表达的角度出发的，强调人类思维的逻辑主题的形式化表达，认为语义 mediator 是连接逻辑域到表示域的桥梁，对 GIS 中语义的一致性表达有指导性作用。而 OGC 的九层认知模型更具普遍性，是对人类真实世界认知的一般性抽象，该模型的点世界、几何世界、地理要素世界、地理要素集合世界更适合通常意义上 GIS 技术人员表达真实世界的思路，强调自然维度和空间特性的表达，而对语义特征表达认识不足[97]。

2.4 地理空间认知结果表达模型构建

2.4.1 地理空间认知结果归类

归类就是将大量具有共同特性的事物划分成一类，并对该类形成概念描述。在长期的地理空间认知过程中，人们已经获得了较丰富的地理空间知识，对很多空间现象作出了比较科学的描述和概念定义，形成了一系列的标准，如 SEDRIS、SDTS、FGDC、ISO/TC211 等。地理空间现象被划分为自然的和人工的，自然的如山、自然湖、自然河流，人工的如道路、建筑等。为获得这些先验知识，已经推出了一系列的科学研究项目，在 1996 年，美国国家地理信息与分析中心（NC-GIA）正式批准了第 21 号研究动议"常识地理世界的形式化模型"的研究，其目的有两个：第一，确定地理空间、实体和过程常识概念化的基本元素，发展一个集成框架。第二，调查 GIS 用户对直觉推理的反应并与目前 GIS 技术所获得结果的推理进行比较[98]。其中，地理相关的本体是一个重要的研究领域，被列为"常识地理学" 47 个研究问题之首[98]。Mark 认为在地理目标域中地理种类、实体类型的本体设计目的是产生有关地理世界结构的更好理解。Smith 和 Mark 认为它至少有以下四个好处[99]：

（1）地理种类本体的理解有助于我们明白不同的人群（如战时多国联合部队中不同的军队）是如何交换地理信息或交换失败的。

（2）地理种类本体的理解有助于我们明白我们对地理现象认知关系中所包含的歪曲的特定特征类型，如在边界纠纷中。

（3）地理信息系统需要处理地理实体的表达，相应实体的本体研究，尤其是在基本层次上的研究将为该类系统提供缺省的特征。

（4）实体类型是数据交换标准的中心问题，其中数据语义的实质部分被携带在实例所赋予的类型上。

2.4.2 地理空间认知抽象

信息抽象是指为反映现实世界的本质对现实世界所进行的概括，是人类认识世界的基本过程。真实世界是无限复杂的，由于受到人的认识水平和认识能力的限制，以及人类对现实世界不同范围和不同侧面的关注程度的差异，我们无法复制一个和现实世界毫无二致的信息世界，信息抽象便成为从现实世界到信息世界的一个必由过程[100]。

将地理系统中复杂的地理现象进行抽象得到的地理对象称为地理实体或空间实体、空间目标，简称实体（entity）。实体是现实世界中客观存在的，并可相互区别的事物。实体可以指个体，也可以指总体，即个体的集合。抽象的程度与研究区域的大小、规模不同以及研究兴趣而有所不同，如图2-6所示水库抽象程度随着比例尺的逐渐变大，水库的细节层次也就变得越来越复杂。再如在一张小比例尺的全国地图中，一个市被抽象为一个点状实体，抽象程度很大，空间描述简单；而在较大比例尺的武汉市地图上，需要将城市的街道、房屋详尽地表示出来，城市则被抽象为一个由简单点、线、面实体组成的庞大复杂组合实体，其抽象程度较前者而言较小，空间描述复杂。

空间抽象除了尺度上的抽象还存在维度上的抽象，不同应用领域对地理要素抽象维度不一样，例如同样一栋建筑，交通导航抽象为一个点要素，土地管理抽象为一个二维面要素，而消防应用需要构建比较详细的三维模型，如图2-7所示。

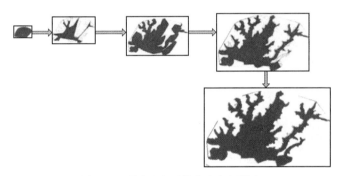

图2-6　不同尺度下的水库空间抽象

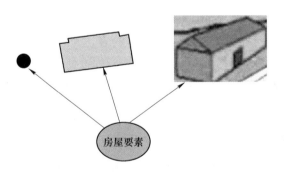

图2-7　空间对象的多维抽象

2.4.3　地理空间实体的认知描述模型

对一个实体认知的描述包括前面提出的四个主题，涵盖了地理实体的三大特征：属性特征、空间特征和时间特征。属性特征是对地理实体的性质描述，指明该地理实体所对应的非空间信息，如道路的宽度、路面质量、车流量、交通规则等。空间特征用以描述事物或现象的地理位置，又称几何特征、定位特征，如界桩的经纬度等。时间特征用以描述事物或现象随时间的变化，例如人口数的逐年变化。按照认知的四个主题，对地理实体的空间认知结果进行解析，提取哪些是属性特征、哪些是空间特征以及哪些是时间特征，在此基础上构建如图 2-8 所示地理实体认知结果描述模型，概念类型是地理实体的归属，表明它是什么。

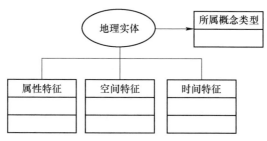

图 2-8　地理实体认知描述模型

　　现在来看对南京中山陵的认知描述：中山陵是中国近代伟大的政治家、伟大的革命先行者、国父孙中山先生（1866~1925 年）的陵墓及其附属纪念建筑群，位于江苏省南京市东郊钟山风景名胜区内紫金山东峰茅山的南麓，由陵墓样稿得奖者、著名建筑师吕彦直设计施工，自 1926 年 1 月动工，1931 年全陵工程落成。中山陵面积共 8 万余平方米，西邻明孝陵，东毗灵谷寺，傍山而筑，整个建筑群依山势而建，主要建筑有牌坊、墓道、陵门、碑亭、祭堂和墓室等，由南往北沿中轴线逐渐升高。

　　以上对中山陵的认知就构成了一个完整的地理认知单元，将中山陵认知描述进行概念、属性、空间和时间信息的提取可以转换成图 2-8 所示的描述模型，实现对中山陵的地理空间认知结果结构化表达，使得计算机能够操作和分析，如图 2-9

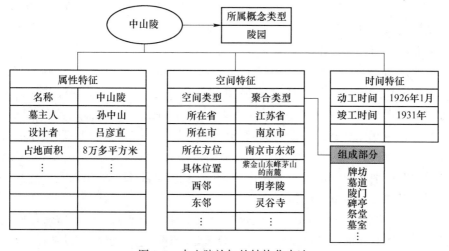

图 2-9　中山陵认知的结构化表达

所示，同时，牌坊、墓道、陵门、碑亭、祭堂和墓室等也与中山陵这个顶层对象具有相似的描述结构。

2.4.4　地理空间认知群体间的空间关系表达

早期 GIS 模型深受定量模型和空间几何表达的影响[101]，尽管对地图应用有利，但是不能完全反映一个人对他周围环境的感知和描述，因为人更适合存储和处理定性信息。当人们身处一个场景之后，马上就会在他的意识中对他周围的景观形成一幅认知地图（cognitive map），也称心象地图（mental map），各种对象空间结构和对象空间关系已经在他的脑海中形成，这些信息是一种定性的信息，因为他们无法量测。那么，对这些信息复原可以通过两种途径：自然语言描述和地图草图，但是这两种方式都需要解决方向基准问题，也即参考框架。Levinson通过调查不同语言在空间表达上的差异，发现不同语言中描述空间位置和空间关系时依据不同的参考框架，并将其区分为绝对、相对和内在参考框架[102]。

（1）绝对参考框架是指由地球引力所提供的固定方向作为背景的空间参考系统，其坐标系固定不变，无论环境中的事物或视角如何改变，方位词所代表的方向都是固定的，即使用户处于一个完全陌生的环境，也能正确指出坐标轴所指的方位。

（2）相对参考框架是以观察者视点为中心，并以自身为参照物形成一个两两相对的坐标轴，或将背景中的某一方向定为"前"，然后顺时针转动，形成"右"、"后"、"左"四个方位，由于坐标系统所指的方向随视点变化，因而称为相对参考框架。

（3）内在参考框架的坐标点固定在某个背景物上。在使用这种参考框架时，方向定位主要取决于观察物与背景物之间的关系，即使观察者的位置发生变化，只要观察物与背景物关系不变，方向定位则不变。

Jean-Marie Le Yaouanc[103]基于观察者视点为中心做了一个半自然的360°的全景影像认知实验，场景位于法国的一个地方，如图2-10所示，被测试者23人都是非 GIS 专家，其中女性18人，男性5人。接受测试者从未到过此地，在测试过程中全程监控，他们自己选定一个观察方向，通过一个用 Java 开发的软件来旋转360°浏览场景，并用一个存储设备记录场景的口头描述，测试时间不能超过5min。测试能识别出的实体受测试者的文化和哲学背景以及他/她的常识的影响，测试者能够识别出50%的人造实体，30%的地貌实体和15%的植被实体，其中一个被测试者的认知结果描述如下：

"我现在站在一条小路上，它经过一个城堡和一个池塘，这个城堡可能建于中世纪。在我的前面，有一个小山谷，旁边是城堡，它位于小山谷左侧，同时，从地平线望去，我可以分辨出远处山的轮廓。在我的身后，是那个池塘，在它后面有个大草地，遥远处有一片森林。"

图 2-10 地理空间认知场景

对测试结果进行统计，主要用到的空间关系词汇分为：拓扑关系词汇、距离关系词汇和方位关系词汇，如表 2-1 所示。

表 2-1 被测试者的空间关系词汇统计

空间关系类型	空间关系词汇
拓扑关系	run along, on…, et al
距离关系	near, close to, far from, further, at the horizon, et al
方位关系	behind …, in front of …, in the background, in the foreground, in the long distance, to the right of…, on the left of…, above, below, et al

从测试者的描述中，可以知道主要场景实体有小路、城堡、池塘、草地、森林、山谷、山，还有被测试者——人，那么可以利用空间关系表达词汇将测试者的描述还原成一张二维表来描述实体间的空间关系，如表 2-2 所示，表中的关系全部采用主动式，如"人在小路上"、"小路经过城堡"。

表 2-2 地理空间认知群体的空间关系描述

	人	小路	城堡	池塘	草地	森林	山谷	山
人		在…上						
小路			经过…	经过…				
城堡							在…左边	
池塘	在…后面							
草地					在…后面			
森林					离…很远			
山谷	在…前面							
山	在…前方很远							

再利用 2.4.3 小节提出的地理空间实体认识描述模型对的空间关系描述在计算机世界中进行实体建模，那么就可以十分方便地进行一系列的有意义的空间推

理，如从"小路经过池塘"和"小路经过城堡"的描述可以推理出"池塘和城堡可以相互通达"，从而使得一次性的空间关系构建，达到长期受益的效果。但是，表 2-2 中这些描述只有人能够解读，计算机无法解读，那么如何将这些词汇形式化成计算机能够解读空间谓词，这是 GIS 查询语言要解决的问题之一。

2.5　本章小结

地理空间认知是实现 GIS 系统的必经之路，对地理实体的正确解译和描述是构建健壮 GIS 的前提。本章对地理空间认知概念及地理空间认知相关理论进行了深入分析，并对地理空间认知主题及地理空间认知结果的尺度和维度抽象加以讨论。在此基础上，对地理空间认知结果的自然语言描述进行解析，提出了一个功能比较完善的地理空间实体认知结构化表达模型，能够记录空间的、非空间的和时间的属性，还能和相应地理概念关联，从而实现地理认知单元的结构化表达。最后，对地理空间认知群体的空间关系描述进行了探讨。

3　面向特征语义单元的空间数据表达

地理信息作为一种决策和分析的重要信息广泛存在于各个行业和领域之中，地理信息系统（Geographic Information System，GIS）作为一个对地理信息进行收集、组织、管理和分析的技术和决策支持系统，在各个行业和领域中发挥着重要的作用。但一直以来，大多数 GIS 的数据模型及其组织都是面向地图而不是客观存在的空间实体及其关系，表达的是人类对地图的认知，而不是对真实地理世界的认知，导致地理数据难以被常识理解和接受。随着 GIS 的不断发展，这种局限性带来的各种问题越来越突出，极大限制了地理信息和地理信息系统应用的深度和广度[92]。

就此，前一章对地理空间认知理论进行了深入研究，并建立了将地理空间认知结果从文本描述到结构化描述的地理空间认知描述模型，构建起了现实世界到信息世界的桥梁，它能够记录空间的、非空间的和时间的属性，以及关联相应地理概念。那么，如何使此地理空间认知描述模型能够在计算机世界中无缝映射，这就是本章所要解决的问题。在计算机世界中如何有效且比较完备的表达现实世界都是人们一直追求的目标，如果能够找到一种能自我表达自身以及其所处的地理环境状况的空间数据模型，这种模型能够实现人类对现实世界的语义认知结果到计算机信息世界的无缝映射，那么将极大地推动地理信息的应用向纵深领域发展。然而，目前的地理信息系统软件的数据模型还不能完全表达人们对现实世界的认知结果，更多的信息得不到有效记录。

3.1　地理特征概念及其分类

3.1.1　地理特征概念

地理特征概念是对一类具有相同属性、行为及关系的地理特征的定义，它揭示同类地理特征的本质，是地理特征划分的重要依据。对地理特征概念的定义必须紧扣地理实体的内置特征，杜清运[100]采用 Guarino[37] 的"本体层次"概念，对空间信息的本质特征进行了系统归纳如下：

（1）物质（部分-整体层次）：包括水、土、泥、沙、石、植物、人造材料等。

（2）形态（形态层次）：包括流动、静态、自然弯曲、规则形态、维度等。

（3）大小（形态层次）：包括大、中、小等。

（4）功能（功能层次）：包括交通、阻隔、居住、蓄积、旅游、养殖等。

（5）等级（社会层次）：包括政治、经济、文化等。

3.1.2　地理特征语义

在 GIS 界，对语义的理解一度存在混乱的表达。长期以来，很多研究者将实体的属性描述与实体的语义描述等同起来，认为同类地理实体有一组公共的特征属性，决定了地理实体的类型和语义[45,105]。但实际上，为一个地理类型去找一组完整的特征属性是极端困难和不可能的，时常会存在属于某一类型的地理实体并不具有所有特征属性，而不是该类型的实体却具有该类型的特征属性的情形[31]。地理现象的复杂性和人类认识的有限性、目的性决定了地理分类并不是这种严格的分类法所能够解决的[99]，地理特征的语义作为其整体特征的描述，应该由其所关联的分类知识表达。对于地理实体的属性描述，只需根据特定地理信息团体（Geospatial Information Community，GIC）目的和任务的实际需要选择相关属性。例如，对于河流，用于水资源管理，水质、径流和流量等便成为相关属性；而用于水上交通，则上述属性都是没有必要的，河宽、水深、流速等则成为相关属性。因此，构成地理要素的属性集并非是地理特征的语义。

Ter Bekke 认为"语义"一词在语言学中指词与它们所表述的事物之间的关系。Bishr 将语义定义为计算机表述和在一定环境中对应真实世界要素之间的联系[31]。何建邦等将语义定义为数据内部以及数据与现实世界之间的关系[106]。在语义上，属性之间的相关关系反映实体之间的分类分级关系，主要体现为属性多级分类体系中从属关系、聚集（aggregation）关系和相关关系。从属关系主要反映实体之间的上下级或包含关系；聚集关系反映各实体之间并列关系，如构成同一水系的众多河流之间的关系是聚集关系；相关关系则反映不同实体之间的某种直接或间接的并发或共生关系。

那么，从上述定义可知地理特征语义是指语义词汇（如：建筑）所指向的地理概念，载体是地理数据，显示出来就是符号表达系统，如图 3-1 所示；以及实体间的空间和非空间的各种联系，联系的语义信息由联系的形式化描述所表达。概念之间的语义关系初步主要考虑上下义关系、同义关系、反义关系以及部分-整体关系。

3.1.3　分类基本原则与方法

从人的心理、生理以及直觉领域到严谨的形式逻辑的科学建构，分类问题在人类活动中都会有意或无意地遇到。在科学中，分类作为整理大量资料的、有效缩减信息的、制定概念和组织认知活动的手段，在众多方面都具有重大意义；而

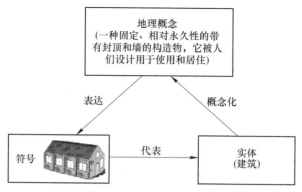

图 3-1 地理空间语义三角

且也广泛地，经常是不自觉地成为研究者个人的、半直觉的科研创作领域的工具[107]。信息分类是人类思维活动所固有的一种活动，是人们日常生活中用以认识、区别和判断事物的一种逻辑方法。从认知角度出发，人们将知识划分成不同分类，可以大大减少知识的维护程度。地理信息分类是针对与地球位置直接或间接相关的现象，为实现此类信息的计算机管理与应用，以一定的分类原则和方法为指导，按照信息的内容、性质及管理者的使用要求，把具有共同属性或特征的信息归并到一起，把不具有这种共同属性或特征的信息区别开来的过程。

3.1.3.1 分类原则

地理要素分类实质上是对地理要素本身的形成原因或某种属性的分类，是纯科学的分类，不受应用所限制，因而是稳定的。地理要素的分类必须坚持的原则是[65]：

第一，划分出来的种的总和应当等于被分类的属概念的外延。

从空间分布的角度讲，分类体系中各级分类的每一级中的各分类单位的空间覆盖范围的总和应当充满作为问题域的整个地理空间。即存在下式：

$$W = P_{i1} \cup P_{i2} \cup P_{i3} \cup \cdots \cup P_{in} \tag{3-1}$$

式中，W 为属的外延集；P_{i1}，P_{i2}，P_{i3}，$\cdots$，P_{in} 为属在第 i 级上的分类。

第二，分类体系中每一级分类的各分类单元应当互不相容，以使任何一个被分类对象不得同时被归于两个组，则必有：

$$P_{i1} \cap P_{i2} = \Phi \tag{3-2}$$

式中，Φ 为空集，P_{i1} 和 P_{i2} 含义同式（3-1）。

第三，一个地理要素可以拥有多于一种的分类体系，但是每种分类体系的建立应当仅仅坚持一个分类标志。

第四、每一分类体系中所划分出来的最低层次的分类单元必须是可识别的和可描述的。可识别的含义是指在现有的统计资料、地图出版物及各种文件中能找到描述它的文字、数据及图形（例如最小的图斑），可描述的含义是指利用它并通过一定的数据模型可描述整个资源与环境信息。

3.1.3.2　分类方法

普通信息分类方法同样也适用地理信息的分类。信息分类的基本方法有两种：线分类法和面分类法，线分类法也称为层级分类法。

线分类法也称为层级分类法，是将分类对象按所选定的若干个属性或特征，作为分类的划分基础，逐次地分成相应的若干个层级的类目，并排成一个有层次的，逐级展开的分类体系。同位类的类目之间是并列关系；下位类与上位类存在着隶属关系；同位类不重复，不交叉。该方法要求：由某一上位类划分出的下位类的类目的总范围应与其上位类的类目范围相等；当某一个上位类的类目划分成若干个下位类目时，应选择一个划分标准；同位类目之间不交叉、不重复，并只对应于一个上位类，分类要依次进行，不应有空层或加层。

面分类法是按分类对象的若干个属性或特征视为若干个"面"，每个"面"中又可分成许多彼此独立的若干个类目。使用时，可根据需要将这些"面"中的类目组合在一起，形成一个复合类目。其基本原则是选择分类对象本质的属性或特征作为各个"面"；不同"面"内的类目不相互交叉，不能重复出现；每个"面"有严格的固定位置；"面"的选择以及位置的确定，根据需要而定。

实践表明，线分类法和面分类法各有其优、缺点以及各自用途，在地理信息分类实践中，高层的定性信息（门类、大类、小类）分类适合使用线分类法，定量属性往往处于类别的较低层次，适合应用面分类法[106]。

3.1.4　分类体系

3.1.4.1　国外分类体系

随着地理信息的广泛应用和共享的深入，目前国际上发展了一系列特征分类编码体系，这里对一些主要的分类进行简要概述。

（1）DLG-E。数字线划图（Digital Line Graphs，DLG）是美国内政部所属的美国地质调查局（USGS）国家测绘司（NMD）在国家制图计划中提出的数字矢量地形图产品。1990年前后，NMD在DLG的基础上提出了DLG-E（enhanced）的模型，是为了满足复杂空间数据表达需求。DLG-E定义了五个视图——cover、division、ecosystem、geoposition和morphology，涉及的独立特征超过200个，用于描述1∶24000比例尺地形图可反映的各种地理现象。

（2）TIGER。美国人口调查局开发的拓扑集成式地理编码与参考系统TIGER

（Topologically Integrated Geographic Encoding and Referencing），综合了包括交通和水文网特征。美国 Defense Mapping Agency 为了军事需要，建立了超图数据结构（Hyper Graph-Based Data Structure，HBDS）。法国国家地理学会 IGN（Institute Geographique Notional，France）建立的地图制图数据模型，也是基于特征的概念之上的。

（3）ISO/TC211 19110。ISO/TC211 19110 定义了一套方法用于创建地理对象、属性和关系分类，是一个较高层的抽象标准。ISO/IEC 18025 是对 ISO/TC211 19110 的一个补充，使用了很多 ISO/TC211 19110 的方法。

（4）STDS[108]。在目前世界上的各种空间数据转换标准中，美国空间信息转换标准 STDS（Spatial Data Transfer Standard）是一个比较完整和成功的标准，为各种非通讯机构使用不同的计算机系统、保持信息的内容和最大限度地减少标准对外部信息的要求而进行空间数据的转换提供一个机制。经过十年的开发，它已成为一个正式的美国联邦信息处理标准（FIPS）。SDTS 的制定是美国空间数据处理上的重要里程碑，它为美国各级政府机构、企业、研究和学术单位提供了一种正式的空间数据转换机制。STDS 提供一组定义良好的实体概念描述，方便数据导出/导入者对地理数据的语义理解。经过几年努力，大约给出了 2600 个地理要素的定义，经过比较和提取分成了初始 200 实体类型列表。在这些实体定义中包含具有意义的可选术语超过 1200 个。

（5）Feature Attribute Coding Catalog（FACC）[109]。北大西洋公约组织（NATO）数字地理信息工作组 DGIWG 面向军事应用建立的特征和属性编码分类（FACC）划分为文化、水文、地貌、植被等 10 个大类、共设置 486 个特征。许多数字要素和地图产品使用了 FACC，随着它的使用，一些缺陷暴露出来了，使得 EDCS（Environment Data Coding Specification）分类体系诞生了。FACC 仅仅支持 GIS 地形要素，很难扩展和概念融合（如，多个概念或者度量单位合而为一），现在，它已经退出使用。

（6）EDCS[110]。如何解决综合环境数据的表示与交换问题，一直就是仿真与建模界关注的重要问题。在 20 世纪 80 年代早期，美国国防部 DoD 就开始着手解决这一问题，启动了 2851 项目，因该项目存在一些局限和问题，在 1994 年，美国 DMSO 启动了综合环境数据表示与交换规范 SEDRIS 项目，其中环境数据编码规范 EDCS（Environment Data Coding Specification）就是项目研究核心之一。SEDRIS 由 5 个核心技术组成[111]：SEDRIS 数据表示模型 SDRM（SEDRIS Data Representation Model）、空间参考模型 SRM（Spatial Reference Model）、环境数据编码规范 EDCS（Environment Data Coding Specification）、SEDRIS 接口规范（SEDRIS Interface Specification）、SEDRIS 信息传输格式（SEDRIS Transmittal Formal）。

EDCS 提供了一种环境对象分类（命名、标记、标识等）的方法，同时将这些环境对象的属性（特征）关联在一起。EDCS 由分类/特征编码（ECC）、属性编码（EAC）和单位编码（EUC）3 种相互关联的编码组成，用来无歧义地描述实体，回答了"是什么"、"有什么特征"和"测量这些特征所使用的单位"3 个问题。它在 FACC 的基础上将地理信息分成 13 大类，编码方式采用 5 位，前两位使用字母，后三位使用数字，现在包括大约 700 个术语，和 FACC 要素编码相比超过了 50%。

3.1.4.2　国内分类体系

我国现行的基础地理信息分类体系可以划分为三个层次[112]：

（1）国家标准。例如，《国土基础信息数据分类与代码》（GB/T 13923—1992）、《1∶500、1∶1000、1∶2000 地形图要素分类与代码》（GB 14804—1993）和《1∶5000、1∶10000、1∶25000、1∶5000、1∶100000 地形图要素分类与代码》（GB/T 15660—1995）。

（2）行业标准。例如，《城市基础地理信息系统 1∶500、1∶1000、1∶2000 地形图要素分类与代码》（CJJ100—2004）。

（3）专用分类体系，针对某一个或者某些特定的地理信息系统而制定的地理信息分类编码。

针对当前基础地理信息分类标准重叠和不统一的情况，2006 年我国发布了《基础地理信息要素分类与代码》（GB/T 13923—2006）国家标准用于代替 GB/T 13923—1992、GB 14804—1993 和 GB/T 15660—1995。GB/T 13923—2006 将地理要素归并为八大类：定位基础、水系、居民地及设施、交通、管线、境界与政区、地貌、植被与土质，分 46 个中类，以后依次分为小类、子类，采用六位编码，大类和中类各占一位，不可扩充，小类和子类各占两位，允许扩充。

3.2　特征语义空间中的空间数据表达

3.2.1　GIS 语义数据模型

语义数据模型着重考虑用户对数据的理解，不是将精力主要花在提供一致的、高效的数据库存储和检索所依赖的物理结构的设计上，而是以进一步提高数据库模型的层次为出发点，尽量使用户从数据库的物理细节中脱离出来。能从模拟真实世界实体或数据库环境的角度进行相对独立的操作，以便设计出较为实用的数据库结构[113]。

GIS 语义数据模型是在传统语义数据模型基础上发展起来的，Feuchtwanger M 是系统地进行 GIS 语义数据模型研究的学者之一，在 1993 年，他写出了关于这方面的博士论文。陈常松等认为，GIS 语义数据模型强调对地理事实的完整、正确及规范的表达，其不但关注空间属性的数据表达，而且更注重于地理属性数据及其间关系的表达，其模型方法一般采用面向实体的方法[49]。从已有的研究工作中，获得以下关于语义数据模型的认识[48]：

第一，语义数据模型所关心的是用户对数据的理解和数据库技术的支持两个方面。相应地，一个语义数据模型由主要模拟现实世界的静态结构和主要模拟在其上的各种操作的动态模型部件组成。

第二，语义数据模型除了描述对象及其间的联系和其动态外，必须支持数据抽象。语义模型所提供的各种各样的数据抽象工具使得终端用户或程序员能在更高层次上操纵数据。同时，一些抽象工具也用于动态模拟。可以看出，语义数据模型是一种在更高抽象层次上的模型，从数据库应用角度考虑，它可以在现有关系数据库基础上进行开发来实现。

为了满足上述要求，语义数据模型提供了一整套描述和模拟工具或模型部件：

第一，对象或实体及联系。模拟真实世界实体或数据库环境中相对独立的操作。有时也用它来表达真实世界实体之间的关系。对象或实体由属性加以描述。

第二，数据抽象工具。主要包括分类和聚合、联合、概括/特化、继承和派生等。

第三，约束的说明。由于语义模型支持下的操作将不在人的干预下进行，因此语义模型中必须包含有关于对数据操作，例如插入/删除操作等的约束。

GIS 语义数据模型的设计一般采用特征-属性-属性值的模拟方法。在基于地理特征方法支持下，将某一类地理现象定义为地理特征，将地理特征抽象为语义模型中的对象或实体，利用对象之间的属性关系、继承关系、聚合和概括等关系，构造关于地理现象的静态模式，并进而实现动态的模拟。在地理模拟中，语义工具的地理意义如下：

（1）继承。各级地理特征之间的一种关系，低一级地理特征全部继承其上一级地理特征的属性。从地理属性域上讲，继承关系可以源于分类体系；从空间域上讲，它反映了地理空间有序性状况之一，反映了地理特征之间的等级观念和分类观念。

（2）概括。由某两类或几类相似的地理特征可组成更为抽象的地理特征。从地理属性上讲，综合的概念可以与反向的分类体系相对比。

（3）联合和聚合。在很大程度上只具有空间意义，联合描述由多个同类地理实体组成为复杂地理实体的关系，例如由树实体组成森林实体；聚合描述由两种或多种不同的地理实体组成为一种新型的更为复杂的地理实体，例如由不同的地理特征建筑物、道路、树木聚合而成为地理特征"城镇"。

3.2.2　面向特征语义单元的空间数据模型

面向特征语义单元的空间数据模型是在 GIS 语义数据模型基础上的进一步发展，运用语义数据模型的工具，并在某一地理空间认知领域内的特征概念分类体系的支撑下，实现对地理空间的整体方式的组织与表达，形成一个完整意义上的地理空间语义表达模型，如图 3-2 所示，该表达模型由元特征语义对象类、组合特征语义对象类和聚合特征语义对象类三个主要类构成，它们的实例对象称为特征语义对象。利用这个模型可以建模复杂的地理对象，例如可以将学校的教学楼、食堂、图书馆、体育设施、内部道路等构成一个聚合地理实体，同时学校还可以和它之外的地理实体聚合成更高一级的地理实体。这里的地理实体就是本研究所指的特征语义单元，它能够描述自身的信息和与周围环境相互关系，从而达到地理空间认识和表达的统一。

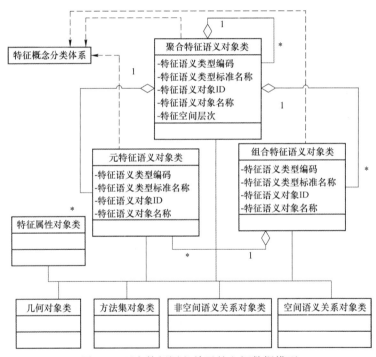

图 3-2　面向特征语义单元的空间数据模型

3.2.3　特征语义对象

3.2.3.1　特征语义对象的定义

特征语义对象是经过地理空间认知所得到的特征语义单元在信息世界中的映

射，是计算机世界中空间信息承载和空间行为执行的主体。它由基本属性、普通属性集、空间几何对象、方法集、非空间语义关系及空间语义关系等部件构成。运用面向对象的方法和机制可以实现任何复杂特征语义单元在计算机世界中的组织和表达，地理实体内部之间的各种语义关系可以显示的构建，从而可以突破现有基于分层方式对地理空间的组织与表达，达到真正语义上的基于地理特征的地理空间数据的组织与表达，实现地理空间认知与表达的统一，从而构建直接面向地理实体各种空间操作。从地理空间认知角度，本研究将其分为三种类型：元特征语义对象、组合特征语义对象和聚合特征语义对象。

3.2.3.2 特征语义对象的特点

现实地理世界经过认知过程被抽象成一系列的离散地理实体，这些离散地理实体之间具有普遍联系性，特征语义对象要实现对现实世界完善表达和自我描述，应具备以下特点：

（1）拥有唯一标识符，在现实世界不存在任何两个相同的地理实体。

（2）能够自我识别特征语义，即一个特征语义对象对应一个特征概念。

（3）能够一体化表达地理实体的空间、非空间和时间等属性信息。

（4）具有尺度特征。

（5）具有丰富的语义信息，能够自我表达与周围环境的关系。

（6）拥有自己的行为和方法。

（7）具有面向对象的继承、聚合、组合等机制，能够建模任何复杂的地理要素。

（8）支持多种查询策略，包括属性查询、空间查询、非空间语义查询及空间语义查询、混合查询。

（9）支持空间语义推理能力。

（10）支持用户个性化的空间访问策略。

3.2.3.3 元特征语义对象

人类对客观世界的认识是基于特征，而不是基于分层，数据模型应当直接反映这种认知过程。因此，特征表示法在 GIS 的应用发展中已成为一个主要的议题，发展基于特征的 GIS 空间数据模型十分必要。E. Lynn Usery 是最早对基于特征的 GIS 模型进行深入研究的人之一，他指出为了能够充分描述地理现实，一个地理特征必须包括空间、专题和时态属性，以及各种关系，并给出了一个地理特征模型可以描述任意地理实体的多个维度[63]，如表 3-1 所示。通过这个模型任何一个实体的空间、专题和时态属性都可以描述成一个特征对象，如一条公路就是一个完整的特征对象。根据 Agatha Y. Tang, Tersea M. Adams 等，一个描述地理特征的对象应当包含 6 个方面的内容，即唯一标识符、位置信息、非空间属性、拓扑关系、非拓扑关系及方法[45]。对这六个方面概括能够增强对现实世界现象的整体表示模式。其中，唯一标识符是数据库系统为每个对象产生的。位置或几何信息通常是地面坐标和海拔高程。非空间属性数据指的是特征的特性，例如一座建筑物、一条公路或一个水体的名字，或是属性值，例如一条河的长度、一个县的人口数。拓扑关系是指几何目标之间的关系，诸如邻接、关联、包含关系。非拓扑关系是指特征之间的非拓扑联系，如 is_a, a kind of, above 和 Part_of 关系。例如，一条公路在一条河上通过；一条河是县界的一部分。嵌于每个对象内的方法用来执行诸如新对象实例的创建、空间分析、查询、计算和显示等操作。

表 3-1　基于特征的 GIS 概念模型的空间、属性与关系[63]

	空　间	专　题	时　间
属性	Φ, λ, Z point, line area, surface volume, pixel voxel, …	color, size, shape, ph, …	date, duration period, …
关系	topology, direction, distance, …	topology, is_a, kind_of, part_of, …	topology, is_a, was_a, will_be, …

　　李景文等基于空间认知对地理空间元对象（Mete Object，MO）进行了定义，元对象是指构成某一空间实体的最小单元，用一个三元组（(E，A)，F，D）表示，(E，A) 为一个二元组[114]。(E，A) 为地理实体的内涵，其中，E 是一个客观存在，地理实体要有一个客观存在的地理事物或地理现象，且具有唯一的标识符；A 是统一在地理实体下客观存在的属性，包括空间和非空间属性。A = {GA∪EA}，GA 为实体的空间属性集合（Geo-Attribute），GA = {GA_i, i=1, 2, 3, …, n}，空间属性用来描述实体的地理位置坐标等相关内容。EA 则为实体一系列非空间属性集合（Entity Attribute），EA = {EA_i, i=1, 2, 3, …, n}，非空间属性用来描述实体的分类、名称、说明等各种非空间特性。F 为对象受理的方法集合（Methods Function），D 为地理实体的外延，是客观存在 E 的语义特征集，是对客观存在语义上的描述，是从人们认知角度给地理实体一个描述。

　　上述对地理空间元对象的定义还存在不完备之处，对尺度问题没有考虑，一个地理实体在当前尺度下称为元对象，可能在另一个尺度下就不能称为元对象；再者，对具有多个部分组成的空间实体没有考虑如何表达。在考察上述定义的基础上，我们对元特征语义对象（Mete-Feature Semantic Object，MFSO）所作的定义如下。

元特征语义对象是指在一定尺度下不包含任何其他实体的原子对象。这里"实体"具有以下含义：

（1）能够独立存在的地理实体，也即本书所指的特征语义单元。

（2）不能够独立存在的，必须依附于所属地理实体而存在的空间对象，如房屋的门、窗户必须依附于房屋这个地理实体而存在。

我们规定以下情形创建元特征语义对象：

（1）能够独立存在的，且由单一部件构成的地理实体，如单一楼层的二维房屋面状实体。

（2）不能够独立存在的，必须依附于所属地理实体而存在的，且由单一部件构成的空间对象，如房屋的窗户。

（3）如果一个地理实体由多个单一部件构成，且每个部件具有自己的特征，那么每个部件创建一元特征语义对象，如具有多个楼层的二维房屋面状实体。

一个元特征语义对象（MFSO）可由下式表示：

$$MFSO = \{Code, CN, OID, ON, \{A_i\}, G, \{OP_i\}\{AR_i\}, \{SR_i\}\} \quad (3\text{-}3)$$

式中，Code 表示特征概念分类编码；CN 表示特征概念标准名称；OID 表示特征语义对象标识；ON 表示特征语义对象标准名称；$\{A_i\}$ 表示特征语义对象的普通属性集合；G 表示特征语义对象的几何；$\{OP_i\}$ 表示特征语义对象的方法集；$\{AR_i\}$ 表示非空间语义关系集合，它由非空间关系词汇构成，用于显示的记录特征语义对象之间非空间关系，如教学楼是学校的一部分；$\{SR_i\}$ 表示空间语义关系集合，它由空间关系词汇构成，用于显示的记录特征语义对象之间的空间关系。

将式（3-3）所表达元特征语义对象用面向对象技术组成一个超对象，由基本属性项、属性集、几何对象、方法集、非空间关系语义和空间关系语义等部件组成，如图 3-3 所示。基本属性项是固有属性，用于描述特征语义对象特征概念分类编码、特征概念分类标准名称、特征语义对象的标准名称和特征语义对象唯一标识符。

3.2.3.4 组合特征语义对象

从面向对象的角度来看，组合是一种强聚合，内部不能够拆分。那么，在这里，组合特征语义对象（Composite-Feature Semantic Object，CFSO）是由多个元特征语义对象强聚合而成的地理实体，同时还可以递归创建，存在部分-整体（Part-Whole）的关系，但整体又不是部分简单相加之和，部分和整体之间是一种有机的统一体，部分不能游离于整体而独立存在，而整体缺失任何部分都将变得功能残缺。例如，一栋建筑由地基、多个楼层、房顶及楼梯等附属设施组成，

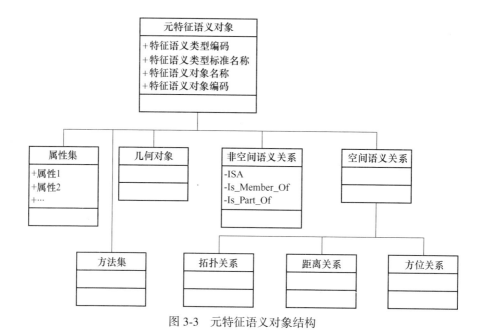

图 3-3　元特征语义对象结构

每个楼层又由多个房间、门、窗、阳台等组成，所有这些部件有机组合在一起构成了建筑整体，它们在空间上具有强相关作用。组合特征语义对象具有元特征语义对象的一般结构特征，不同之处在于元特征语义对象和组合特征语义对象本身都可作为它的属性，它的结构定义如式（3-4）所示，UML 图如图 3-4 所示。

$$CFSO = \{Code, CN, OID, ON, \{A_i\}, G, \{OP_i\}, \{R_i\},$$
$$\{SR_i\}, \{MFSO_i\}, [\{CFSO_i\}]\} \tag{3-4}$$

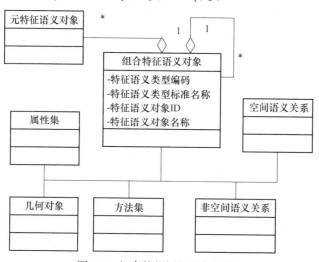

图 3-4　组合特征语义对象结构

组合特征语义对象对于处理以下问题具有一定的优势：

（1）可以比较好地解决传统二维 GIS 中对于同一栋建筑具有不同楼层不好处理的问题，如图 3-5 所示的教学主楼，它是在 CAD 数字测图软件中绘制的，这个楼的层数不一致，两边是 6 层，中间部分是 10 层，将它导入到 GIS 数据库中的处理方式有两种：一种方式是将它分割成三个部分，在数据库中将生成三个独立要素，当成了三栋建筑，这样要素的整体性没有得到体现，同时，注记要素名称时会出现三个"教学主楼"，如图

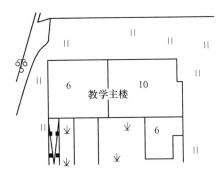

图 3-5　CAD 中具有不同层的同栋建筑的二维表达

3-6a 所示；另一种方式是作为一个整体导入，这时会出现楼层属性记录问题，到底是记录 6 层，还是 10 层，这样处理会导致信息失真，如图 3-6b 所示。如果使用组合特征语义对象就可以将它分成三个元特征语义对象来对待，这样既保持了整体性，又体现了局部特征。

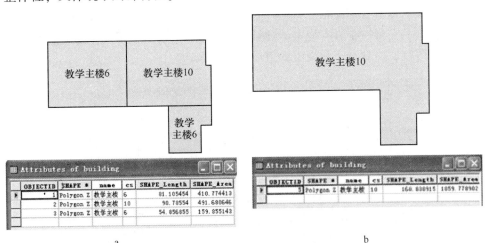

图 3-6　具有不同层的同栋建筑传统 GIS 可能的入库处理方式

（2）能够比较好地处理三维地理实体内部建模，不必将三维实体内部细节分别存储到多个图层中，将局部和整体形成一个有机联系体，成为一个完整意义上的整体，同时可以对局部有效的、一致性的维护。例如使用 ESRI 的 ArcScene 三维对象 MultiPatch 对一栋大楼进行三维建模，那么需要预先在 ArcCatalog 中新建一个 Geodatabase，然后建立房顶图层、墙面图层、窗户图层、门图层、地面图层等多个图层，最后将大楼各部件拆分建模分别存储到这些图层中，当对该大楼

进行访问时需要逐一从这些图层中读取，并辅助各种空间关系计算，若使用组合特征语义对象来表达，那么就可以将其生成一个完整的有机整体，达到快速访问的效果。

3.2.3.5 聚合特征语义对象

大部分 GIS 软件主要考虑了点、线、面空间目标之间中诸如邻接和包含等拓扑关系的编码。然而复杂目标的非空间（非拓扑和语义）关系往往未予考虑。为寻求一个更丰富的模型来对复杂地理实体进行编码，许多研究者把焦点集中在面向对象方法上，将其作为以整体方式体现地理特征和关系的一种可采用的方法[50]。基于地理空间的认知描述，肖乐斌等[30]提出了一种面向对象的 GIS 整体数据模型，如图 3-7 所示，该模型将地理空间看成是一个目标排列组合集，每个目标或对象都具有位置、属性和时间信息，及与其他对象的拓扑关系、语义关系等，模型中的对象分为 5 种基本对象：点、线、面、注记和复杂对象，复杂对象又分为：单纯型复杂对象和混合型复杂对象，后者可以是点、线、面的复合对象。目前，虽然提出了以整体方式表达地理空间的概念模型，但是实际表达还是以分层为主体，还是需要对多个图层的访问才能获得一个复杂的地理对象，而聚合特征语义对象（Aggregate-Feature Semantic Object，AFSO）的提出试图改变这种表达模式，它将一个具有完整地理意义的区域内的对象当成一个整体，突破图层概念的限制，达到真正意义上的整体方式的表达。

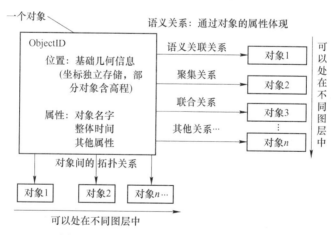

图 3-7　面向对象的 GIS 整体数据模型[30]

聚合特征语义对象是一个区域内多类型地理空间实体的聚合，同样具有元特征语义对象的一般特征，同时元特征语义对象、组合特征语义对象作为它的属性一起构成一个超对象，同时可以递归创建。它的结构如式（3-5）所示，其中 SL_i 表示聚合特征语义对象所处特征空间层次，UML 图如图 3-8 所示。

$$\text{AFSO} = \{\text{Code}, \text{CN}, \text{OID}, \text{ON}, \text{SL}_i, \{\text{A}_i\}, \text{G}, \{\text{OP}_i\}, \{\text{R}_i\},$$
$$\{\text{SR}_i\}, \{\text{MFSO}_i\}, [\{\text{CFSO}_i\}], [\{\text{AFSO}_i\}]\} \tag{3-5}$$

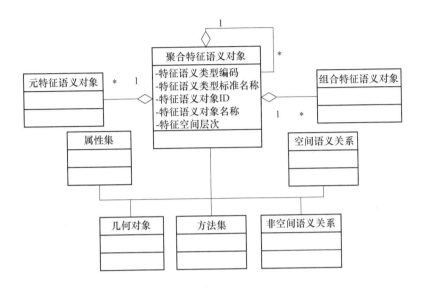

图3-8 聚合特征语义对象结构

聚合特征语义对象构造也是一种部分-整体关系的体现，集合中的每个对象都可以不依赖于任何其他对象而独立存在。它完全按照地理空间认知来组织空间数据，把一个区域当作一个整体来对待，如一个学校就是一个整体，由教学楼、行政楼、图书馆、食堂、宿舍、礼堂、体育场馆、路灯、各种管线网络、道路、树木、草地等，这些地理实体就形成了一个聚合特征语义对象，而目前的 GIS 软件是把这些地理实体划分成不同的图层进行管理，自然就破坏了对象之间的内在联系。在聚合特征语义对象内部，所有子对象可以统一参与拓扑关系整体构建。

3.3 特征语义对象结构解析

3.3.1 属性集

属性集是特征语义对象普通属性的集合，如建筑物的高度、层数、占地面积、用途、建设年代、材料等，普通属性的类型包括：short、int、long、float、double、string、bool、date、Blob 等，结构如图 3-9 所示，各种属性定义如表 3-2 所示，组合特征语义对象和聚合特征语义对象及其子对象都拥有各自的属性集合。

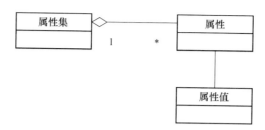

图 3-9 特征语义对象的属性集构造

表 3-2 特征语义对象的属性类型

属性类型	描 述	长 度	取 值 范 围
short	二字节整数	2 字节	−32768~32767
int	四字节整数	4 字节	−2147483648~2147483647
long	八字节整数	8 字节	−9223372036854775808~ 9223372036854775807
float	四字节浮点数	4 字节	±1.5e−45~±3.4e3
double	八字节浮点数	8 字节	±5.0e−324~±1.7e30
char	字符型	2 字节	表示 1 个 Unicode 字符
string	字符串		最大长度 268435455
bool	布尔数据	1 字节	true/false、yes/no、0/−1
date	日期	8 字节	2010-12-30
Blob	二进制对象数据		不限制

从特征定义可知，属于同一特征概念类型的特征语义对象具有相同属性集，这样分布在不同聚合对象下的相同特征类型的子对象属性构造是一样的，且具有相同属性域，在数据库存储时，具有相同的存储结构。

属性的基本结构包括 6 个元素，和关系数据库表的字段定义类似，基本形式如式（3-6）所示：

$$属性 = \{名称，标签，类型，长度，值域\{枚举值|范围值\}，值\} \quad (3\text{-}6)$$

3.3.2 几何对象

3.3.2.1 几何对象概念模型

几何对象主要表达特征语义对象的空间位置属性，描述特征语义对象的空间抽象，具有尺度依赖性、维度依赖性以及应用领域依赖性。矢量数据模型是 GIS

软件主要的空间表达方式，是一种面向空间要素的模型，把现实世界的空间实体抽象成点、线、面、体目标组成，用点（point）、线（curve）、面（surface）、体（volume）等基本要素尽可能精确地来表示各种地理实体。矢量数据表达的突出优点是能方便描述空间实体间的拓扑关系，图形精度高，同时数据存储量小、容易实现坐标变换和距离计算等操作，尤其对拓扑信息的空间处理和分析非常有效。在构建矢量数据模型时一般包括以下几个方面。首先，用简单的几何对象（点、线、面）来表达空间要素。其次，在 GIS 一些应用中，明确地表达要素之间的相互关系。再者，数据结构必须恰当，使得计算机能够处理空间要素及其关系，并可以实现空间数据的有效组织和管理[115]。

目前，Open GIS 定义的简单地理要素的几何对象模型被 GIS 业界广泛接受，作为一种标准在很多开源 GIS 软件中得到了应有，它是平台独立的，可以应用于分布式计算系统中，几何类如图 3-10 所示。基类（Geometry）派生出点类（Point）、弧类（Curve）、面类（Surface）和集合类（GeometryCollection）。Geometry 具有空间参考系（SpatialReferenceSystem），描述了地理对象的范围、投影、坐标系等。多个 point 类对象可以构成线串类（LineString）的对象，而多个类 Point、LineString、Surface 的对象可以分别构成复合点（MultiPoint）、复合线（MultiLineString）、复合面（MultiPolygon）的对象，依此类推。

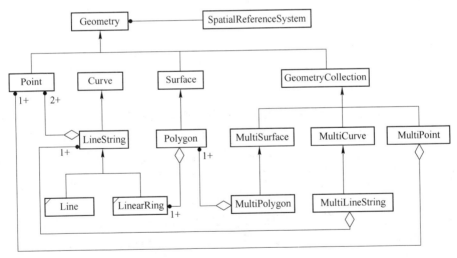

图 3-10　OpenGIS 简单几何对象模型

由于 OpenGIS 简单几何对象模型对空间表达能力有限，对地形和三维地理实体无法描述，通过参考 SurperMap、ArcGIS 等几何对象模型，并遵守 OpenGIS 简单几何规范，提出了特征语义数据模型的几何对象表达概念模型，如图 3-11 所示，该模型能够表达点、线、面和体的地理实体，以及地形。

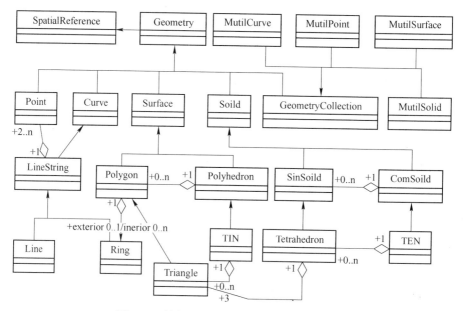

图 3-11 特征语义对象的几何对象概念模型

3.3.2.2 基本几何类型对象

基本几何类型对象有:

（1）点对象：点对象用于描述那些不依比例尺的地物，如电杆、井、消防栓、独立树、高程点、控制点等，主要由 (x, y, z) 坐标来定位地理或制图实体。

（2）线对象：一个线对象是由多个具有相同意义的点 (x_i, y_i, z_i) 形成的轨迹，用于描述线状或网络状的地理要素，如道路、河流、管线、境界线等。

（3）面对象：一个面对象由一连串的线对象序列按照一定顺序连接而成的一个封闭区域，如湖泊、宗地、地块；再者一个连续地形表面也可以看成是一个面对象，可由不规则三角网 TIN、规则格网来表达。

（4）体对象：体对象包括表面三维对象和实体三维对象，前者由多个面按一定顺序围成的三维几何对象，如建筑物；后者三维几何内部是实心的，如地质体三维几何对象。

3.3.2.3 主要几何类的基本构造

A 几何基类——Geometry

Geometry 是一个抽象类，它是所有几何类的父类，且所有子类都继承了它的方法和属性，在它的类结构中定义了一系列抽象方法和虚方法，这些方法需要在具体子类中实现，不同子类中实现是不一样的。在 Geometry 中定义的方法主要分为四大类：基本操作函数、拓扑关系函数、空间分析函数和方向关系函数，分别如表 3-3～表 3-6 所示。

表 3-3　几何基本操作函数

函数名及返回类型	返 回 结 果
Envelope（）：Geometry	返回几何对象的最小外包矩形
Boundary（）：Geometry	返回几何对象的闭合边界
Dimension（）：Integer	返回几何对象的维度
Length（）：Double	返回线几何对象长度
Area（）：Double	返回面几何对象的面积
SRID（）：String	返回几何对象的空间参考标识
IsEmpty（）：Bool	判断几何对象是否为空，是则返回 True
IsSimple（）：Bool	判断几何对象是否为简单类型，是则返回 True
GetGeometryType（）：String	返回几何对象类型
Centroid（）：Point	返回几何中心点

表 3-4　拓扑关系函数

函数名及返回类型	返 回 结 果
Equals（Geometry other）：bool	判断两个几何对象是否相等，如果真，则返回 True
Disjoint（Geometry geom）：bool	判断两个几何对象是否相离，如果真，则返回 True
Intersects（Geometry geom）：bool	判断两个几何对象是否相交，如果真，则返回 True
Touches（Geometry geom）：bool	判断两个几何对象是否相接触，如果真，则返回 True
Crosses（Geometry geom）：bool	判断一个线几何对象是否穿越一个面几何对象或一个体几何对象，如果真，则返回 True
Within（Geometry geom）：bool	判断一个几何对象是否在另一个几何对象内部，如果真，则返回 True
Contains（Geometry geom）：bool	判断一个几何对象是否包含另一个几何对象，如果真，则返回 True
Overlaps（Geometry geom）：bool	判断一个几何对象和另一个几何对象是否叠置，如果真，则返回 True
Relate（Geometry other，string intersectionPattern）：bool	判断一个几何对象和另一个几何对象是否相关，是几何内部、边界还是外部相关，具体由参数 intersectionPattern 决定

表 3-5　空间分析函数

函数名及返回类型	返　回　结　果
Distance（Geometry geom）：double	返回两个几何对象之间的最短距离
Buffer（double d）：Geometry	返回一个半径为 d 的缓冲区
ConvexHull（）：Geometry	返回一个几何对象的凸包
Intersection（Geometry geom）：Geometry	返回两个几何对象的交集
Union（Geometry geom）：Geometry	返回两个几何对象的并集
Difference（Geometry geom）：Geometry	返回基几何对象减去它和目标几何交集的结果
SymDifference（Geometry geom）：Geometry	返回两个几何的并集减去它们的交集的结果

表 3-6　空间方位关系判断函数

函数名及返回类型	返　回　结　果
Direction（Geometry geom）：integer［］	如果判断对象在基准对象外部返回外方关系矩阵值，否则返回内方向关系矩阵值
IsAbove（Geometry geom）：bool	判断目标对象是否在基准对象上方，如果是返回 true，否则返回 false。例如，桥在河流上方，说明桥从河流上方跨过；道路在立交桥下方，说明道路从立交桥下方穿过

Geometry 抽象类定义如下：

```
Public abstract class Geometry
{
    //定义空间参考
    ICoordinateSystem_spatialReference;
    // 定义几何导出/ 导入 WKT、WKB 方法，方便几何在数据库中的存取和共享
    public string AsText () {…}
    public byte [] AsBinary () {…}
    public static Geometry GeomFromText (string WKT) {…}
    public static Geometry GeomFromWKB (byte [] WKB) {…}
    public double pscale; //存储比例尺
    //定义几何基本操作函数
    public abstract Geometry Boundary ();
    …
    //定义拓关系函数
    public virtual bool Disjoint (Geometry geom) {…}
    …
    //定义空间分析函数
    public abstract Geometry Buffer (double d);
    …
```

```
//定义方向关系判断函数
public abstract int Direction (Geometry geom);
...
}
```

B Point 类

Point 是几何构造最基本对象，直接存储几何位置坐标，一个点可能具有二维坐标、三维坐标和四维坐标，Point 类定义如下：

```
public class Point : Geometry, IComparable<Point>
{ int ID; //定义点标识
Double_x, _y, _z, _m;
Public Point (double x, double y) {...}
// 带有 z 值或线性参考值 m
Public Point (double x, double y, double z) {...}
// 带有 z 值和线性参考值 m
Public Point (double x, double y, double z, double m) {...}
//其他方法
...
}
```

C Curve 抽象类

Curve 是一维的几何对象，通常是以顺序连接两个或两个以上的点构成。OpenGIS 简单要素规范仅定义了曲线的一个子类——线串（LineString）。线串的任意两个顶点必须是可以线性插值的。如果一个曲线没有穿过一个点两次，则该曲线是简单的。

$$\forall c \in \text{Curve}, [a, b] = c. \text{Domain},$$
$$c. \text{IsSimple} \Leftrightarrow (\forall x1, x2 \in (a, b] x1 \neq x2 \Rightarrow f(x1) \neq f(x2))$$
$$\wedge (\forall x1, x2 \in [a, b) \ x1 \neq x2 \Rightarrow f(x1) \neq f(x2))$$

当一个曲线的首尾点相连，则该曲线闭合。如果一个曲线闭合且简单，则形成环。闭合曲线的边界是空集，非闭合曲线的边界是它的起点和终点。曲线是拓扑封闭的。Curve 抽象类的基本函数如表 3-7 所示。

表 3-7 Curve 类基本函数

函数名及返回类型	返 回 结 果
Length ()：double	返回 Curve 对象的长度
StartPoint ()：Point	返回 Curve 对象的起点
EndPoint ()：Point	返回 Curve 对象的终点
IsClosed ()：bool	判断 Curve 对象是否封闭，即起点和终点一致，真→True
IsRing ()：bool	如果 Curve 对象是封闭的，且是简单的，则返回 True

D   LineString 类，Line 类，LinearRing 类

一个 LineString 对象是一个 Curve 对象在两点之间通过线性插值形成的。每对连续的顶点之间就定义了一个 LineSegment 对象。如果一个 LineString 对象仅有两个点就形成了 Line 对象。LinearRing 是闭合的、简单的 LineString。如表 3-8 所示。

表 3-8   LineString 类，Line 类，LinearRing 类基本函数

函数名及返回类型	返 回 结 果
NumPoints（）：Integer	返回线串几何对象的点数
PointN（N：Integer）：Point	返回线串几何对象的指定索引的点

E   Surface 类

Surface 是二维抽象几何对象。Open GIS 抽象规范定义一个简单 Surface 由一个外部边界和 0 个或多个内部边界组成的单个"Patch"。在三维空间中简单 Surface 和平面 Surface 是同构的，沿着简单面的边界将它们吻合在一起形成多面体的面，它们在三维空间中可能不完全是平面。Surface 抽象类定义如下：

```
Public abstract class Surface：Geometry
{
    public abstract double Area（）{…} //返回一个 Surface 的面积
    public abstract Point PointOnSurface（）{…} //返回确保在该 Surface 上的
一个点
    public virtual Point Centroid（）{…} //返回 Surface 的重心
    …
}
```

F   Polygon

多边形是一个平面，具有 1 个外部边界和 0 个或多个内部边界，每个内部边界定义了多边形的一个"岛"。关于多边形的严格的定义为：

（1）多边形是拓扑封闭的。

（2）多边形的边界由一组线性环组成，这些线性环构成了多边形的外边界和内边界。

（3）边界上任意两个环都不能相交，多边形边界上的环只能以相切方式存在。

（4）多边形不能有分割线、毛边。

（5）每个多边形的内部是连接的点集。

（6）一个具有 1 个或多个"岛"的多边形的外边界是不相连接的，每个"岛"定义了外边界的一部分。

在以上定义中，内部、封闭和外部都有标准的拓扑定义。按照上述定义可

知，图 3-12 属于简单多边形，而图 3-13 不属于简单多边形。

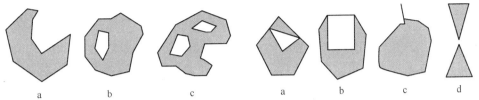

图 3-12　三种情况下的简单多边形　　图 3-13　不能用一个简单多边形表达的几何对象
（其中 a 和 d 可以用 2 个多边形表达）

多边形类的定义如下：

```
public class Polygon : Surface
{
    private LinearRing_exteriorRing; //定义外部边界
    //定义内部边界
    private List<LinearRing>_interiorRings = new List<LinearRing> ();
    public Polygon (LinearRing exteriorRing, IEnumerable<LinearRing> in-
teriorRings)
    {…} //多边形构造方法
    …//其他方法
}
```

G　Polyhedron

多面体 Polyhedron 是由多个多边形构成多面体，这些多边形的外边界是紧密线连接，如建筑物的多个面。它的定义如下：

```
Public Class Polyhedron : Surface
{
    List<Polygon>_pPolygons = new List<Polygon> (); //定义多边形集合
    Public Polyhedron (List<Polygon> pPolygons) {…}
    …//其他方法
}
```

H　Triangle

三角形 Triangle 是一个最简单的多边形，只有三个点组成一个闭合边界，它的定义如下：

```
Public Class Triangle : Polygon
{
    int ID; //定义三角形标识
    // exteriorRing 是由三个点构成的环
    Public Triangle (LinearRing exteriorRing): this (exteriorRing, null)
    {…}
```

```
　…∥其他方法
}
```

I　TIN

不规则三角网 TIN 是一个连续的地理表面，它继承了 polyhedron 的方法和属性，由一系列简单三角形组成，它的定义如下所示：

```
Public Class TIN : polyhedron
{
    List<Triangle>_pTriangles = new List<Triangle> ();  ∥定义三角形集合
    Public TIN (List<Triangle> pTriangles) {…}
    …∥其他方法
}
```

J　Solid，SinSolid，ComSolid

Solid 用于表达表面封闭的内部实心的三维体对象，它的定义如下：

```
Public abstract Class Solid : Geometry
{
    Public Virtual double getArea () {…}  ∥计算体的表面积
    Public Virtual double getVolume () {…}  ∥计算体的体积
    …∥其他方法
}
```

SinSolid 类和 ComSolid 类都继承了 Solid 类，SinSolid 对象是一个单纯形实体对象，如单个四面体、三棱柱等；ComSolid 对象是一个复合单纯形实体对象，由多个 SinSolid 对象构成。

K　四面体 Tetrahedron

```
Public class Tetrahedron : SinSolid
{  int ID;  ∥定义四面体标识
    ∥构成四面体的四个三角形
    Private Triangle [] _pTriangles = new Triangle [4];
    Public Tetrahedron (Triangle [] pTriangles) {…}
    …  ∥其他方法
}
```

L　四面体网络 TEN

```
Public class TEN : ComSolid
{  ∥定义四面体集合
    Private List<Tetrahedron>_pTEN =new List<Tetrahedron> ();
    Public TEN (List<Tetrahedron> pTEN) {this._pTEN=pTEN}  ∥四面体构造
    …∥其他方法
}
```

3.3.3 方法集

每个特征语义对象都拥有自己的行为，它的行为是通过一系列的方法来实现的。通过这些方法特征语义对象能够实现最基本的自我更新，包括特征概念类型、特征语义对象名称、属性集中的属性、几何及语义关系等更新，还能够实现更高级的行为，如特征语义对象的分割、合并等。

3.3.4 非空间语义关系

地理实体之间存在的普遍联系形成了关系网络，这种关系网络能更好地描述与表达地理世界。特征语义对象的语义关系是在面向对象的语义模型中的分类（classification）、概括（generalization）、聚合（aggregation）和联合（association）四个概念的基础上，延伸出来的特征实例间的语义关系。不同特征语义对象间的语义关系基本上有三种[62, 116]：Is-a 关系、Part-of 关系和 Member-of 关系。

3.3.4.1 Is-a 关系

Is-a 关系反映了子类对象和超类对象之间的关系。这种关系对应概括（generalization）和分类（classification）抽象技术。可以用从具有共性的类中抽取共同的属性或一般特性建立高层次类的概括过程描述 Is-a 关系，例如，城市特征对象中不同级别的主干道对象、次干道对象等都具有道路特征对象所共有的相关属性，因此，主干道特征对象和道路特征对象之间的关系是 Is-a 或 Is-a-kind-of 关系。而概括的逆过程是将对象按照公共特性归入不同子类，从而具有不同类型及相应操作分类层次结构的分类过程。

3.3.4.2 Part-of 关系

聚合（aggregation）是将多个具有不同特征的对象组合成一个更高层次对象的过程，组合生成的对象称为复合对象。聚合抽象主要表示了部分关系（is-part-of），在这种情况下，每个对象都有自己的特征描述数据和操作，而且这些是不能为复合对象所共有的，但复合对象可以从它们那里派生出一些信息，例如，居民区从某种意义上来说可以是一个由房屋、道路、花园等组成的复合对象，那么居民区和房屋、道路、花园等之间的关系就是 Part-of 关系。

3.3.4.3 Member-of 关系

描述两个对象间的任意关系，实际上是一种成员对象之间的联系。这种成员关系（is-member-of）对应面向对象方法中的联合（association）抽象技术。这种对象关系将成员对象之间的联系视为一种较高层次集合对象，在集合对象内部成员属于相同特征类型，例如，群岛是岛屿的联合体，那么群岛与岛屿间的关系可以视为 Member-of 关系。

3.3.5　空间语义关系

空间关系与人类认识、传输和改造现实世界的活动息息相关，是人类对于地理空间认知结果的高度概括，是人类所形成的空间概念的基本组成部分。通常情况下，描述与记忆一个空间实体的位置时，不是以几何坐标的形式给出的，而是以它与周围物体关系的形式给出，如一个学校在哪两条路之间，靠近哪个道路交叉口；一块农田离哪户农家或哪条路最近。这些语义属性在空间描述、推理与分析过程中比几何位置的描述更基本、更重要[114]，但在传统空间数据模型中，对于空间关系的管理显得不够重视，对于类似上述问题的回答不能直接从空间数据库中得到答案，必须经过大量的空间计算才能获取，而在现实中同样的空间关系问题可能会被用户同时询问千百次，回答每个用户都需要重新计算，这样使得资源不能重复利用。针对这个问题，在面向特征语义单元的空间数据模型中，本研究专门设计了空间语义关系对象类对空间关系进行显示的表达、存储主要对象之间的空间关系，使得对象可以自我描述与周围环境的关系，同时达到一次存储多次使用的效果。

GIS 空间关系主要分为方位关系、度量关系、拓扑关系，其中拓扑关系是指拓扑变换下的拓扑不变量，如空间目标的相邻和连通关系。方位关系描述目标在空间中的某种排序，如前后、上下、左右、南北西东等。度量关系是用某种度量空间中的度量来描述的目标间的关系，如目标间的距离。Engerhofer 指出空间关系表达了空间数据之间的一种约束，其中度量关系对空间数据的约束最为强烈，而方位关系次之，拓扑关系最弱，度量关系属于定量关系，拓扑与方位关系则属于定性关系，但是定性的关系和定量的关系不是绝对的，而是可以相互转化的。

3.3.5.1　拓扑关系

A　基于点集理论的 9-交拓扑关系模型

点集拓扑关系理论是目前研究和应用最广泛的拓扑关系理论，1991 年，Egenhofer 等提出 "4-Intersection"（4-交）模型[117]，以点集拓扑学为基础，通过边界和内部两个点集的交进行定义，并根据其内容进行关系划分，由于它只通过点集交的 "空" 与 "非空" 来进行关系判别，方法简练，所以在一些商用数据库系统、GIS 软件设计中应用广泛。4-交模型的基本原理为：设有空间目标 a、b，分别用 $I(a)$、$B(a)$ 和 $I(b)$、$B(b)$ 表示其内部和边界，其空间拓扑关系 $Topo(a, b)$ 可用 $I(a)$、$B(a)$ 和 $I(b)$、$B(b)$ 两个点集的交来定义，即可用如下一个 2×2 的矩阵进行描述：

$$\mathbf{R}_{4IM}(a, b) = \begin{bmatrix} I(a) \cap I(b) & I(a) \cap B(b) \\ B(a) \cap I(b) & B(a) \cap B(b) \end{bmatrix} \tag{3-7}$$

式（3-7）中矩阵的每个元素代表一种交集，交集的取值为空集（用 0 表示）或非空集（用 1 表示），可能的矩阵形式有 2^4 种，由于简单面目标几何构成的特殊性，排除不可能情形，使得在一定分类层次上仅有 8 种拓扑关系具有物理意义。这些拓扑情形在 4-交模型下都可明确区分，分别称之为"相离"（disjoint）、"相接"（meet）、"相交"（overlap）、"相等"（equal）、"覆盖"（covers）、"覆盖于"（coveredby）、"包含"（contains）、"包含于"（inside）。

但是由于 4-交模型具有普遍性，许多通过人眼都可明显区分开的一些情形，利用该方法却无能为力，为此，Egenhofer 进一步加入几何对象的外部，将 4-交模型扩展为 9-交模型[118]，如式（3-8）所示的 3×3 矩阵，E(a)、E(b) 分别表示 a、b 的外部。

$$\mathbf{R}_{9IM}(a, b) = \begin{bmatrix} I(a) \cap I(b) & I(a) \cap B(b) & I(a) \cap E(b) \\ B(a) \cap I(b) & B(a) \cap B(b) & B(a) \cap E(b) \\ E(a) \cap I(b) & E(a) \cap B(b) & E(a) \cap E(b) \end{bmatrix} \tag{3-8}$$

对于该元组的每一个元素，都有"空"与"非空"两种取值，9 个元素共有 $2^9 = 512$ 种情形。九交模型能区分的有意义的面/面拓扑关系有 8 种，分别用符号 disjoint，meet，overlap，coverby，inside，cover，contain 和 equal 表示；线/面的拓扑关系有 19 种；线/线拓扑关系有 33 种；点/面拓扑关系有 3 种，分别用符号 disjoint，meet 和 inside 表示；点/线拓扑关系有 3 种，分别用符号 disjoint，meet 和 inside 表示；点/点拓扑关系有 2 种，分别用符号 disjoint 和 meet（inside）表示[119]。与 4-交模型相比，9-交模型改进了 4-交模型的部分不足，同式（3-7）相比，式（3-8）增强了面/线、线/线空间关系的唯一性。

由于 9-交模型的拓扑计算结果仅用空集和非空集来描述，并没有较详细地说明交集是何种对象（点、线或面）。Clementini 等提出了基于维数扩展的 9-交模型 DE-9IM（Dimensionally Extended 9 Intersection Model），利用交集的维数对 9-交模型进行了扩展，从而较详细地描述了几何对象间的拓扑关系[120]。利用维数扩展法，式（3-8）扩展为式（3-9）：

$$\mathbf{R}_{DE\text{-}9IM}(a,b) = \begin{bmatrix} \dim(I(a) \cap I(b)) & \dim(I(a) \cap B(b)) & \dim(I(a) \cap E(b)) \\ \dim(B(a) \cap I(b)) & \dim(B(a) \cap B(b)) & \dim(B(a) \cap E(b)) \\ \dim(E(a) \cap I(b)) & \dim(E(a) \cap B(b)) & \dim(E(a) \cap E(b)) \end{bmatrix}$$

$$\tag{3-9}$$

设 P 为式（3-10）某一点集，dim 为求维函数，则：

$$\dim(P) = \begin{cases} -1, & P \text{ 等于空} \\ 0, & p \text{ 不包含线面，但至少包含 1 个点} \\ 1, & P \text{ 不包含面，但至少包含 1 条线} \\ 2, & P \text{ 至少包含 1 个面} \end{cases} \tag{3-10}$$

B　基于 9-交模型的顾及地理特征语义的拓扑关系表达算子构建

在实际的空间关系认知过程中，人们使用的空间关系词汇是有针对性的，虽然判断空间关系的 9-交矩阵运算结果一致，但是描述不同特征之间的空间关系结果的词汇却不同，例如同是判断河流与河流、道路与道路之间连接关系，河流之间的拓扑关系常用"流入"或"汇入"来表示，而道路之间的拓扑关系常用"相接"或"相连"，如表 3-9 所示的部分特征之间的空间拓扑关系描述。

表 3-9　顾及地理特征语义的空间关系表达算子

主体特征类型	目标特征类型	拓扑关系认知表达词汇	空间关系算子	规 则 说 明
河流（线性）	河流（线性）	流入	FlowsInto	（1）与目标河流内部接触；（2）与目标河流起点接触
	湖泊、水库等面状水体	汇入	FlowsInto	终端与目标水体边界接触，面域水体类似容器的作用，使用"汇入"更为恰当
	行政区域、自然区域等	流经	FlowsThrough	与目标区域内部、边界、外部相交
		发源	FlowsFrom	起点与目标区域内部相交
		终止	FlowsEnd	终点与目标区域内部相交
	⋮	⋮	⋮	⋮
湖泊、水库等	河流	汇聚	FlowedInto	边界与河流终端接触
	⋮	⋮	⋮	⋮
公路（线性）	公路（线性）	相交	Intersects	与目标公路内部相交
		相接	Touchs	（1）与目标公路内部接触（2）与目标公路端点接触
		跨越	Crosses	从目标公路上面经过
		穿越	Crosses	从目标公路下面经过
	河流、湖泊	跨越	Crosses	从水体上面经过
		穿越	Crosses	从水体底下经过
	行政区域、自然区域等	途径	Crosses	与目标区域内部、边界、外部相交
	⋮	⋮	⋮	⋮
⋮	⋮	⋮	⋮	⋮

构建顾及地理特征语义的拓扑关系表达算子的作用：

（1）可以指导地理空间认知，因为所建立空间拓扑关系具有较强语义表达能力，例如 A 河流"流入"B 河流，那么可知 A 是 B 的支流。

（2）为实现基于空间语义关系的空间查询提供支持。

3.3.5.2 方位关系

空间方位关系在地理空间认知过程中是一个非常重要的语义信息，而且频繁出现，例如，很多路标就利用了方向标识符号，对空间方向关系的正确表达，对于指导空间认知具有重要作用。空间方位关系包括位置关系和方向关系。前者主要体现特征语义对象在垂直空间上的空间关系，例如公路在河流上方跨过，公路从铁路下方通过，这种上下关系可以通过几何对象的 Z 值方便获取。后者是在一个参照系中进行判断，参照系可以是以观察者为中心、特征空间中选定参照物为中心或绝对空间参考系，此类关系需要通过比较复杂的空间计算才能获取。

目前方向关系的表示模型主要有点模型和最小边界矩形模型。点模型主要有锥形模型[121]和投影模型；最小边界矩形模型主要有方向关系矩阵。由于方向关系矩阵模型具有较强的空间关系描述能力，所以本书主要借助该模型来提取特征语义对象之间的方向关系。

A　方向关系矩阵模型

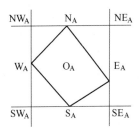

Goyal[122]对 D_9 模型[123]进行另一种改进，提出了方向关系矩阵模型（DRM 模型），它使用的参考框架和 D_9 模型的参考框架相同，即按参考对象的 MBR 将空间分成 9 个区域（或称 9 个方向片），用符号集 {N，S，E，W，NE，SE，SW，NW，O} 中的符号表示这 9 个方向片在地理空间的方向，如图 3-14 所示，参考目标所在的方向片为"同一"方向（O_A），源目标 B 至少会落在 1 个方向片中，对

图 3-14　方向关系矩阵表示模型的空间划分

九个方向片和源目标分别求交，就可以构建一个 3×3 的方向关系矩阵，如式（3-11）所示，式中 A 为参考目标，B 为源目标。

$$\mathbf{d}_{AB} = \begin{bmatrix} NW_A \cap B & N_A \cap B & NE_A \cap B \\ W_A \cap B & O_A \cap B & E_A \cap B \\ SW_A \cap B & S_A \cap B & SE_A \cap B \end{bmatrix} \tag{3-11}$$

规定式中元素的交集为空，用"0"表示；不为空，用"1"表示。方向关系矩阵可以区别的方向关系为 218 种，比 MBR 模型具有更强的描述能力。

根据矩阵的交集为"1"的个数将方向关系定义为单项方向关系和多项方向

关系[124]：

定义 3-1：9 元交方向关系矩阵中只有一个非空交元素时，称此方向关系为单项方向关系，如图 3-15a 所示。

定义 3-2：9 元交方向关系矩阵中有多个非空交元素时，称此方向关系为多项方向关系，如图 3-15b 所示。

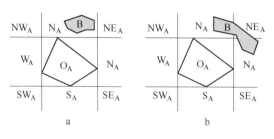

图 3-15　方向关系矩阵返回值

a—单方向关系；b—多方向关系

虽然方向关系矩阵模型具有很强的方向关系描述能力，但是对于"O"片区的处理显得模糊，如图 3-16a 所示目标 B 在 A 外部，图 3-16b 所示目标 B 在 A 的内部，这两种情况显然不能单纯使用"同一"来描述，对于图 3-16b 的情况类似于判断部分相对于整体的方位关系，需要对落入"O"片区的源目标进行细化处理。对此，杜世宏等[125,126]提出了使用细节方向关系来处理源目标落入"O"片区的情形，如图 3-17 所示。细节方向关系包括内部、边界和环部等 3 种方向关系，它们仍然适合用方向关系矩阵求解。

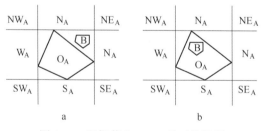

图 3-16　目标落入"O"片区的情况

（1）内部方向关系是指目标对象完全落入基准对象内部的情况，如上海位于中国的东部，主要方向关系包括东部（EP）、西部（WP）、南部（SP）、北部（NP）、东北部（NEP）、西北部（NWP）、东南部（SEP）、西南部（SWP）和中部（CP）等 9 个概念。

（2）边界方向关系是指目标对象落在基准对象边界的情况，如河流从行政区域东部边界流过，主要方向关系包括东部边界（EL）、西部边界（WL）、南部边界（SL）、北部边界（NL）、东北边界（NEL）、西北边界（NWL）、东南边界（SEL）、西南边界（SWL）和中部边界（CL）等9个概念。

（3）环部方向关系是指目标落入基准对象最小外包矩形内部，但与基准对象相离的情形，主要方向关系包括东部环（ER）、西部环（WR）、南部环（SR）、北部环（NR）、东北环（NER）、西北环（NWR）、东南环（SER）、西南环（SWR）和中部环（CR）等9个概念。

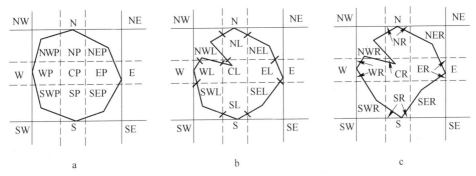

图3-17 对"O"区目标的三种细化处理[125]

a—内部方向关系；b—边界方向关系；c—环部方向关系

B 基于方向关系矩阵的方向关系表达算子构建

根据上述讨论方向关系矩阵的情形可以归纳为三种方向关系：内部方向关系、边界方向关系和外部方向关系，如表3-10所示，其中外部方向关系综合了图3-15和图3-17c两种情形，两者除CR外，其他对应方向关系情形合并统一表达，使得方向关系表达变得更加简便，更符合地理空间方向关系的认知。

表3-10 特征语义对象的方向关系表达算子

方向关系类型	方向关系认知表达词汇	方向关系算子	规则说明
内部方向关系	位于东部/在东部	InterEeast	（1）基准对象为面状地理特征；（2）目标对象为点状地理特征、线状地理特征、面状地理特征、体状地理特征；（3）InterCenter 对应 CP 情形
	位于东南部/在东南部	InterSouthEast	
	位于南部/在南部	InterSouth	
	位于西南部/在西南部	InterSouthWest	
	位于西部/在西部	InterWest	
	位于西北部/在西北部	InterNorthWest	
	位于北部/在北部	InterNorth	
	位于东北部/在东北部	InterNorthEast	
	位于中部/在中部	InterCenter	

续表 3-10

方向关系类型	方向关系认知表达词汇	方向关系算子	规则说明
边界方向关系	位于（穿越、流经）东部边界	EdgeEast	（1）基准对象为面状地理特征；（2）目标对象为点状地理特征、线状地理特征；（3）EdgeCenter 对应 CL 情形
	位于（穿越、流经）东南边界	EdgeSouthEast	
	位于（穿越、流经）南部边界	EdgeSouth	
	位于（穿越、流经）西南边界	EdgeSouthWest	
	位于（穿越、流经）西部边界	EdgeWest	
	位于（穿越、流经）西南边界	EdgeNorthWest	
	位于（穿越、流经）北部边界	EdgeNorth	
	位于（穿越、流经）东北边界	EdgeNorthEast	
	位于（穿越、流经）中部边界	EdgeCenter	
外部方向关系	在东面/东邻	ExterEast	（1）基准对象可以为点状地理特征、线状地理特征、面状地理特征、体状地理特征；（2）目标对象可以为点状地理特征、线状地理特征、面状地理特征、体状地理特征；（3）ExterCenter 对应环部方向关系中的 CR 情形
	在东南面/与…东南相邻	ExterSouthEast	
	在南面/南邻	ExterSouth	
	在西南面/与…西南相邻	ExterSouthWest	
	在西面/西邻	ExterWest	
	在西北面/与…西北相邻	ExterNorthWest	
	在北面/北邻	ExterNorth	
	在东北面/与…东北相邻	ExterNorthEast	
	中部	ExterCenter	

3.3.5.3 距离关系

在 GIS 领域中，空间距离是一个非常重要的概念，可用于描述空间目标之间的相对位置、分布等情况，反映空间相邻目标间的接近程度。在拓扑关系中，Disjoint 算子只告诉人们两个地理对象是相离的，但是相离程度并不知道，例如判断一条道路是否经过某个学校，如果单凭拓扑关系就难以判断，虽然它们之间相离，但是距离非常近，从空间认知角度讲，人们一般认为此道路经过该校。在三种关系中，它的约束力最强。从描述空间的角度来看，空间距离有物理距离（在现实空间）、认知距离（在认知空间）和视觉距离（在视觉空间）；从表达方式来看，空间距离又可以分为定量距离和定性距离；在计算上，根据 GIS 所采用的数据结构不同，空间距离度量分为欧氏空间的矢量距离和数字空间的栅格距离。根据 GIS 空间目标的形态不同，空间距离可分为点/点、点/线、点/面、线/线、线/面、面/面等 6 类，此外还可包含点群、线群、面群间的距离度量[127]。

A 矢量空间中点目标间的距离计算[128]

对于 m 维空间 R^m 中的两个点 $P_i(X_{i1}, X_{i2}, \cdots, X_{im})$ 和 $P_j(X_{j1}, X_{j2}, \cdots, X_{jm})$ 度量距离的一般形式表达为：

$$d_n(p_i, p_j) = \left(\sum_{k=1}^{m} |x_{ik} - x_{jk}|^n \right)^{1/n} \tag{3-12}$$

式（3-12）称为闵可夫斯基度量（Minkowshi Metric）。

当 $n=1$ 时，式（3-13）简化为：

$$d_1(p_i, p_j) = |x_{i1} - x_{j1}| + |x_{i2} - x_{j2}| + \cdots + |x_{im} - x_{jm}| = \sum_{k=1}^{m} |x_{ik} - x_{jk}| \tag{3-13}$$

式（3-13）称为曼哈顿距离（Manhattan Distance）。

（1）当 $n=2$ 时，式（3-12）简化为：

$$d_2(p_i, p_j) = \left(\sum_{k=1}^{m} |x_{ik} - x_{jk}|^2 \right)^{1/2} \tag{3-14}$$

（2）当 n 趋近无穷大时，式（3-12）简化为：

$$d_\infty(p_i, p_j) = \max(|x_{i1} - x_{j1}|, |x_{i2} - x_{j2}|, \cdots, |x_{im} - x_{jm}|) \tag{3-15}$$

式（3-15）称为最大范数距离。

B 矢量空间中非点状目标间的距离计算

对于非点状物体间距离主要有：最近（小）距离、最远（大）距离和质心距离等，如图 3-18 所示，计算表达式分别如式（3-16）~式（3-18）所示。对于点/线、点/面间的距离还有垂线距离。

最近距离：
$$D_{\min}(A, B) = \min_{p_A \in A} \left\{ \min_{p_A \in A} \{ d(p_A, p_B) \} \right\} \tag{3-16}$$

最大距离：
$$D_{\max}(A, B) = \max_{p_A \in A} \left\{ \max_{p_A \in A} \{ d(p_A, p_B) \} \right\} \tag{3-17}$$

质心距离：
$$D_c(A, B) = d\left(\frac{1}{m} \sum_{i=1}^{m} v_{iA}, \frac{1}{m} \sum_{i=1}^{m} v_{iB} \right) \tag{3-18}$$

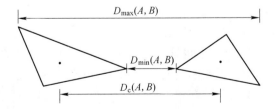

图 3-18 最近距离、最远距离和质心距离

C　距离关系的定性表示

在日常生活中，我们经常会碰到关于距离的空间事件，例如"查找某大学附近的超市"，这里的"附近"是一种定性距离，符合人类的距离认知习惯，同时，这种定性距离也隐含了一个约束距离，如"附近"的含义可能是 300m 以内，或许范围更小。

定性距离的划分在理论上个数是没有限制的，但实际上用自然语言描述的定性距离的个数是相当有限的，人们常用的定性距离的个数约为 7 ± 2[129]，如在现实中，人们常用"很近、近、远、很远"等有限个词汇描述从最近到最远的距离，这些术语有一定的顺序性，"很近"描述较短的定量距离，"很远"描述较长的定量距离。

定性距离的表示包括三个元素：主对象、参考对象和参考框架。在地理空间中，设参照物为 A，目标对象为 B，目标对象 B 与参照物 A 间的定量距离记为 $d(A, B)$。将 $d(A, B)$ 进行区间划分，得到距离区间 $(a_0, a_1]$，$(a_1, a_2]$，$(a_2, a_3]$，…，用自然语言将上述距离区间分别描述为 q_0，q_1，q_2，…。当 $d(A, B) \in (a_i, a_{i+1}]$，$i \in \{0, 1, 2, \cdots\}$ 时，称 B 与 A 之间的定性距离为 q_i，用符号 d_{AB} 表示，即 $d_{AB}=q_i$。值得注意的是，距离区间的划分未必是等间距，可能是按一种比例递增进行划分。

根据实际的研究需求来决定空间划分的粒度，如将参照物所在的空间分为三个部分：近、中等和远；五个部分：很近、近、中等、远和很远，每个词汇和一个距离区间相对应。

3.4　与传统空间数据模型对比分析

本章提出的空间数据模型与传统空间数据模型的优势体现在以下 6 个方面：

（1）前者的空间数据表达与地理空间认知结果具有一致性，而后者无法达到认知与表达的统一，同一认知地理单元中的地理实体被分布到多个图层，使得地理空间整体没有得到保持，对同一地理单元中的所有地理实体的访问将变得复杂，而对于前者此种操作将是非常简单、便捷。

（2）在前者中，地理实体的多种语义信息得到显示保存，使得地理实体变得更加智能；而在后者中，大多语义信息得不到保存，需要通过复杂的判断机制才能获取。

（3）在前者中，地理实体间具有较强层次的依赖关系，直接反映出地理实体间的从属关系，对空间关系的判断具有明显的优势；而在后者中，地理实体间的层次关系没有得到保持，要获得上下级从属语义关系需要通过额外的辅助知识和空间运算。

（4）前者中的三种特征语义对象能够构建复杂的地理实体，如组合特征语义对象能够解决后者中不能解决的同一地理实体具有不同内部特征的情形，而后者对于这个问题处理需要创建多个地理实体，并可能分布到不同图层。

（5）前者可以实现直接面向地理实体的更加灵活的空间查询，如非空间语义查询、空间语义查询等；而后者支持的是面向图层的查询，必须预先给定图层，如果要得到不同类型的地理实体间各种关系，需要通过复杂的图层连接运算。

（6）在前者中，一个聚合特征语义对象就构成了特定的地理子空间，能够独立的支持空间访问、空间操作、空间可视化等，而这个特性，后者是不支持的。

3.5 本章小结

本章首先对相关的基本概念进行了界定，对特征概念分类原则、方法及主要的国内外特征概念分类体系进行了讨论；从地理空间认知基本理论及认知结果表达方法出发，提出了面向特征语义单元的空间数据模型，以及用于描述基于地理空间认知所得到的特征语义单元的三种类型特征语义对象，并对这三种特征语义对象的定义进行了界定以及对三者的组成结构进行了详尽阐述。本章提出的空间数据模型能够实现任何复杂的地理实体的空间建模，突破当前 GIS 图层概念的限制，实现地理空间整体方式的组织与表达，使得基于特征单元的语义 GIS 成为可能。

4　特征语义对象的数据库存储与访问

空间数据的存储是为了实现地理空间对象的持久化，空间数据的存储过程是空间数据逻辑表达模型向数据库存储模型映射的过程。空间数据存储模型结构直接影响着空间数据的存储和访问效率，从而影响 GIS 系统的整体性能。为了在传统关系数据库中实现特征语义对象的存储与访问，需要设计一套高效的空间数据库技术，其主要任务是：

（1）用关系数据库存储管理空间数据。

（2）从数据库中读取空间数据，并转换为 GIS 应用程序能够接收和使用的格式。

（3）将 GIS 应用程序中的空间数据导入数据库，交给关系数据库管理。

因此，空间数据库技术是空间数据进出关系数据库的通道[130]。

4.1　GIS 空间数据存储

4.1.1　空间数据的存储演变历程

由于空间数据的特殊性，传统的数据库模型和数据库管理系统并不完全适应于 GIS 空间数据的存储与管理。在传统数据库系统中，存储的普通业务数据是定长的、格式固定的，而空间数据是变长的，且结构复杂。空间数据需要专门的数据存储模式以及它们的实现方法。GIS 空间数据存储管理发展至今，一般认为，空间数据的存储结构的发展经历了五个时代[104]：文件系统存储、混合数据存储、关系数据库存储、面向对象数据库存储、对象-关系型存储。表 4-1 给出了五种空间数据存储结构的发展年代、存储方式及各自的优缺点，其中对象-关系型存储成为目前的主流存储模式。

表 4-1　五种空间数据存储结构比较[131]

存储结构	年代	存储方式	优　点	缺　点
文件系统存储	20 世纪 70 年代初	空间和非空间数据用文件分开储存，两个文件中的空间数据和属性数据用唯一标识连接	数据模型简单，容易处理	数据安全性低；无法保证数据一致性；无法建立复杂的数据模型

续表 4-1

存储结构	年代	存储方式	优　点	缺　点
混合数据存储	20 世纪 80 年代中	文件形式存储空间数据，关系数据库管理属性数据。以指针联系空间数据文件和属性数据库	属性数据管理和访问都容易	无法保证数据一致性和数据安全
关系数据库存储	20 世纪 80 年代末	关系库中引入复杂的数据类型存储空间数据	数据完整性、一致性较好	空间分析能力欠缺
面向对象数据库存储	20 世纪 90 年代中	面向对象方法建立数据存取和处理	能准确描述空间对象及行为；建模能力强	查询能力欠缺
对象-关系型存储	20 世纪 90 年代末	关系数据库和面向对象技术的结合	准确描述空间对象数据完整性、一致性好	空间分析能力和查询能力都较好

4.1.2　空间数据存储模式

空间数据存储模式发展至今，有三种较成熟与常用的存储模式，它们分别是：二进制几何存储模式（the binary geometry storage schema）；规范化的几何存储模式（the normalized geometry storage schema）；SQL 类型系统扩展几何类型（the geometry type where the SQL type system is extended）。

（1）二进制几何存储模式。几何特征表与属性表独立存储。将几何图形的坐标数据以二进制对象（BLOB）的方式单独存储于几何特征表中，通过"Geometry ID"字段与属性表关联。

（2）规范化的几何存储模式。几何特征表与属性表独立存储。该模式中几何图形数据以数值型（Number）的方式存储于几何特征表中，且几何图形被分为"Point"、"Line"、"Polygon"三个类型。几何特征表与属性表之间的关联也是通过相同的字段"Geometry ID"关联起来。

（3）SQL 类型系统扩展几何类型。每个几何图形作为 SQL 对象可以直接存储在属性表中。几何图形被分为了十一种简单的几何对象，如 Point、Curve、LineString、Surface、Polygon、Collection、Multipoint、Multicurve、Multilinestring、Multisurface、Multipolygon 等，层次关系如图 4-1 所示。

表 4-2 给出了三种空间数据存储模式支持的功能，其中 Geometry Type 支持几乎所有功能，而 Normalized Geometry 支持的功能最少，这也是目前最少用的一种格式。

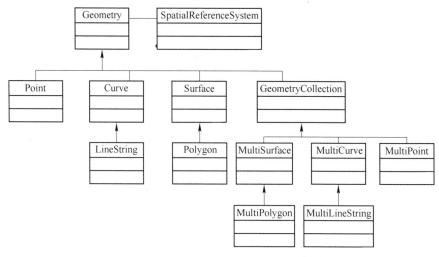

图 4-1　SQL Geometry Type 层次关系[132]

表 4-2　三种主要空间数据存储模式所支持的功能

功　能 ＼ 类　型	Binary Geometry	Normalized Geometry	Geometry Type
2D geometry	YES	YES	YES
Elevations（Z）	YES	NO	YES
Measures（M）	YES	NO	YES
Annotation	YES	NO	YES
CAD	YES	NO	YES
SQL Functions	NO	NO	YES
AREA or LENGTH as a spatial search constraint	YES	NO	YES

　　目前主要的关系数据库系统都实现了对空间数据的存储，如 IBM 的 DB2、Informix、Mircrosoft SQL Server、Oracle 以及 PostSQL 的 PostGIS，并且定义了各自的空间数据存储格式，几何存储列类型主要为以上三种类型，如表 4-3 所示。

表 4-3　主要关系数据库中空间数据的存储

数据库系统	空间数据存储扩展	存储模式	几何列类型
DB2	Spatial Extender	Geometry Type	ST_Geometry
Informix	Spatial DataBlade	Geometry Type	ST_Geometry
SQL Server	Binary Schema	Binary Geometry	Image
	Geometry（存储平面坐标系）	Geometry Type	Geometry
	Geography（存储球形坐标系下的经纬度坐标）	Geometry Type	Geography

续表 4-3

数据库系统	空间数据存储扩展	存储模式	几何列类型
PostGIS	ST_Geometry	Geometry Type	ST_Geometry
Oracle	Binary Schema	ArcSDE Compressed Binary	Long Raw
	Binary Schema（LOB）	ArcSDE Compressed Binary	Blob
	Oracle Spatial	Geometry Type	SDO_GEOMETRY
	Oracle Spatial	Normalized Schema	number
	ArcSDE ST_Geometry	Geometry Type	ST_Geometry

4.2 OpenGIS 简单要素的数据库存储

在基于预定义数据类型的 SQL 实现机制中，OGC（OpenGIS Consortium）为要素表、几何及空间参考系信息的管理定义了一个数据库模式，并为几何存储提供了两种形式[133]：一种是以 SQL 简单数值描述的坐标串方式存储；另一种是以 OpenGIS 定义的 WKBGeometry（Well-known Binary Representation for Geometry）方式存储，在 GEOMETRY_COLUMNS 表中 STORAGE_TYPE 字段说明几何存储方式，如图 4-2 所示。在该模型中，要素的专题信息和几何信息分开存储，两者通过 GID（几何对象标识）字段进行联系。

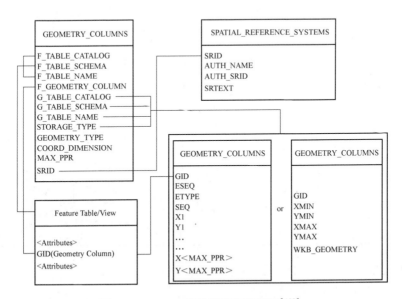

图 4-2 OpenGIS 简单要素存储模型[133]

如图 4-3 所示，其描述了四个多边形，分别是 GID1、GID2、GID3 和 GID4，其中 GID1 和 GID2 是带岛多边形，分别是 ESEQ1 和 ESEQ2，分别应用以上两种几何存储方式对这四个多边形进行存储。

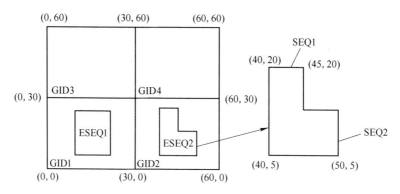

图 4-3   简单多边形实例[133]

4.2.1   坐标串方式

坐标串方式以 Normalized Schema 模式存储，在几何表中，几何对象的一个或多个坐标可以用几对数值类型表达，例如，图 4-3 使用坐标串方式存储如表 4-4 所示。每个几何对象由关键字（GID）标识，由一个或多个由元素序列排列的初始元素组成（ESEQ）。在几何表中，几何对象中的每个初始元素被分配在超过一行或多行中，通过初始类型（ETYPE）识别，通过序列号（SEQ）排序，如多边形 GID2 的岛屿 ESEQ2 使用两行来存储。

表 4-4   坐标串方式的几何存储

GID	ESEQ	ETYPE	SEQ	X0	Y0	X1	Y1	X2	Y2	X3	Y3	X4	Y4
1	1	3	1	0	0	0	30	30	30	30	0	0	0
1	2	3	1	10	10	10	20	20	20	20	10	10	10
2	1	3	1	30	0	30	30	60	30	60	0	30	0
2	2	3	1	40	5	40	20	45	20	45	15	50	15
2	2	3	2	50	15	50	5	40	5	Nil	Nil	Nil	Nil
3	1	3	1	0	30	0	60	30	60	30	30	0	30
4	1	3	1	30	30	30	60	60	60	60	30	30	30

在坐标串存储方式中，几何对象的存储规则定义：

（1）初始类型表明几何类型。

（2）几何对象也许有多个元素，元素序列 ESEQ 的值可以识别单独的元素。

（3）一个元素可能由多个部分/多行组成，但序列号可以识别行和行对应的序列。

（4）几何对象模型中描述：多边形中可以包含洞。

（5）当部分的序列表组合时，PolygonRings 应该闭合，序列号的值显示部分顺序。

（6）在成套坐标（都有 XY）中，没使用的坐标对应该设置为 nil。这是唯一的方法来确定坐标列表的底层。

（7）对于继续添加列（用一个连续的元素序列号或 ESEQ 定义）的几何对象来说，一行的最后一个点相当于下一行的第一个点。

（8）在几何对象中，没有元素数量的限制；每个元素也没有行数的限制。

从表 4-4 可以看出，这种存储方式优点是非常直观、方便，能够使用 SQL 直接读取坐标值。但其缺点也非常明显：空间坐标都是以实数（Double）型记录，而实数占据的空间非常大，而且处理速度慢；数据冗余多，当一个几何特征包含很多个组成部分时，会存在大量的数据重复存储[134]。

4.2.2 WKBGeometry 方式

OpenGIS 规范定义了两种表达空间数据的标准方法，即 Well-Known Text（WKT）和 Well-Known Binary（WKB）二进制形式。WKT 格式主要用于不同 GIS 系统间数据交换，而 WKB 主要用于空间数据的数据库存储，具有比较高的存储和访问性能。目前，主要 GIS 空间数据库都实现了 WKB 方式的存储，如 ERSI 公司的 SDE（Spatial Database Engine）和 Intergraph GeoMedia Professional 就是采用这种方式在关系型数据库中存储几何图形实体数据。

WKBGeometry 是连续的 {Unsigned integer, Double} 数字串来表示坐标的，其中数字串具有 NDR 或 XDR 两种表示方式，两者的区别如表 4-5 所示。Unsigned integer 是 32 位，4 个字节，最大值为 4294967295。Double 是 64 位，8 个字节，符合 IEE754 的双精度格式。XDR 与 NDR 的转换比较方便，只需要将组成数值的相应字符做反向交换就可以实现。

表 4-5 XDR 与 NDR 的编码区别[134]

GID	编码格式	Unsigned integer	Double
XDR	Big Endian	高位在前	符号位在前
NDR	Little Endian	低位在前	符号位在后

图 4-3 如果用 WKBGeometry 格式来存储，则如表 4-6 所示。表中 GID 是几何对象的标识号；XMIN、YMIN、XMAX、YMAX 是几何对象的外接矩形的左下角和右上角坐标，它反映了几何对象的空间范围，几何特征的外接矩形在进行空间索引时具有重要作用；Geometry 是几何对象的空间特征。

表 4-6　基于 **WKBGeometry** 方式的几何存储[133]

GID	XMIN	YMIN	XMAX	YMAX	Geometry
1	0	0	30	30	\<WKBGeometry\>
2	30	0	60	30	\<WKBGeometry\>
3	0	30	30	60	\<WKBGeometry\>
4	30	30	60	60	\<WKBGeometry\>

WKBGeometry 方式占据存储空间少，但结构较复杂。图 4-4 是一个带内岛的多边形实体的 WKBGeometry 方式表示，该图形的外边界为三角形，内部带一个三角形的小岛，其中 B = 1 表示以 NDR 格式存储；如果 B = 0，则表示以 XDR 格式存储；T = 3 表示图形实体的类型为面状多边形；NR = 2 说明该实体带有两个独立的图形元素，即一个外环和一个内环；NP = 3 说明外环和内环顶点数都为 3，这里起点和终点坐标不同，避免了坐标串方式的冗余存储。

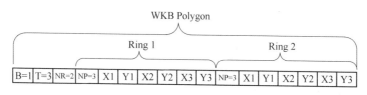

图 4-4　WKBGeometry 的存储格式[133]

4.2.3　对 WKBGeometry 的扩展

目前 OGC 定义了 7 种类型的 WKBGeometry，分别是 WKBPoint、WKBLineString、WKBPolygon、WKBGeometryCollection、WKBMultiPoint、WKBMultiLineString、WKBMultiPolygon 以及 WKBGeometryCollection。OGC 定义的 WKBGeometry 只能存储二维坐标（X，Y），对于 Z 坐标和线性参考 M 值不能存储。为此，本书对 OGC 的定义增加了对 Z 值和 M 值的支持，并对 WKBGeometry 的格式增加了一个 Unsigned integer 类型来说明对 Z 值和 M 值的支持，如图 4-5 所示，描述了一个具有 Z 坐标的包含 5 个顶点的多边形。

这里规定，当 D = 0，表示顶点坐标为（X，Y）；当 D = 1，表示顶点坐标为（X，Y，Z）；当 D = 2，表示顶点坐标为（X，Y，M）；当 D = 3，表示顶点坐标为（X，Y，Z，M）。WKBGeometry 格式中的其他参数含义不变。如果几何对象 z 和 m 值为缺省值，那么在 WKBGeometry 格式化的 BLOB 对象中只存储顶点的 X 和 Y 坐标值。

| WKB Polygon → |
| B=1 | T=3 | D=1 | NR=1 | NP=5 | X1 | Y1 | Z1 | X2 | Y2 | Z2 | X3 | Y3 | Z3 | X4 | Y4 | Z4 | X5 | Y5 | Z5 |

图 4-5　扩展的 WKBGeometry 格式

4.3　特征语义对象的数据库存储实现

本书提出的空间数据组织与表达模式与传统的分层模式具有本质性的区别，前者完全基于特征的建模，将地理空间以整体方式进行组织与表达，整个地理空间就形成了一棵语义对象树，它由一个父节点、若干子节点和若干叶子节点构成，叶子节点存在于父节点和子节点中，子节点又可以包含子节点。这里的父节点和子节点对应第 3 章提出的聚合特征语义对象，而叶子节点则对应元特征语义对象或者组合特征语义对象。为了实现对该模型的数据库存储，本研究提出了两种类型表：基本表和特征语义对象表，以下就数据库存储模型和存储表结构进行详细阐述。

4.3.1　数据库存储模型构建

在经过充分的实践论证的基础上，本书提出的数据库存储模型由紧密联系的基本表和特征语义对象表两种主要类型表构成，如图 4-6 所示。基本表是一种静态表，不会因为特征类型的增减、表的数目和结构而发生变化。特征语义对象表是一种动态表，随特征概念类型的增加而增加，并且结构随之变化。这两类表完全能够满足本书提出的空间数据模型的物理存储要求，能够无损地保存特征语义单元空间信息、非空间信息以及各种语义信息，能够有效地从数据库存储层次保持特征语义空间的整体性和联系性。基本表主要包括：地理空间语义树表、特征类型表、元数据表、空间基准参考表、非空间语义关系表、拓扑语义关系表、方向语义关系表和距离语义关系表共 8 个表。特征语义对象表包括若干个地理特征类型表，它们存储特征语义对象固有属性、基本属性对象和几何对象，而特征语义对象的非空间语义关系和空间语义关系信息存储在基本表中，基于这种存储方式原因有两点：

（1）属于相同特征概念的地理特征语义对象，无论它存在哪个聚合特征语义对象节点中，它们都具有相同的基本属性项，因而在数据库表中也就有相同字段类型和长度，所以可以存储在同一个数据库表中。同时，在特征语义对象表中，几何存储类型没有限制几何维度，因此相同特征概念类型的不同抽象维度的特征语义对象能够完全存储在同一个特征语义对象表中。这点与传统 GIS 的数据库存储不同，在传统 GIS 中相同类型的地理对象不同维度的抽象是分开存储的，是与它分层的空间数据组织与表达模型相适应的。因此，可以看出有什么样的空间数据组织与表达模型，就会有什么样的数据库存储模型与之相适应。

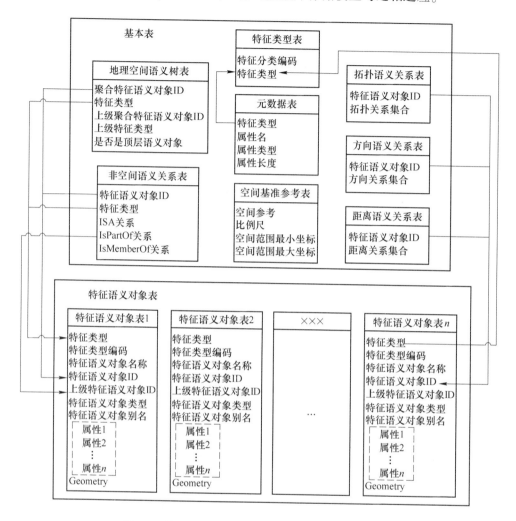

图 4-6 特征语义空间的对象-关系型数据库存储模型

（2）特征语义对象之间的语义关系构成基本稳定，不像特征语义对象的属性对象那样会随特征概念类型的不同而不同，因此，所有特征语义对象的语义关系可以使用固定的格式进行存储，那么在数据库存储模型中存储语义关系的表就可以划分成基本表，因为它们一旦达到满足存储需求的创建就可以一直使用。

从图 4-6 可以看出，用于维系特征语义空间的物理存储逻辑关系的主要是特征类型和特征语义对象 ID 两个字段，因为在同一地理空间认知领域不存在两个相同地理特征概念类型，那么特征类型的名称也就不会存在重名现象，再者，同一地理空间中的所有特征语义对象都可以用唯一标识符加以区别。通过这两个字段就可以在数据库存储层保持地理空间的完整性和联系性，从而实现存储层到表示层的无缝映射。

4.3.2 数据库存储表结构解析

4.3.2.1 基本表

A 地理空间语义树表

地理空间语义树表用于存储地理空间框架信息，也即语义树的主干，如表4-7所示。地理空间的框架主要由聚合特征语义对象来维护，聚合特征语义对象之间的关系体现了地理空间的层次性。在本书提出的空间数据模型中，地理空间顶层特征语义对象具有唯一性。地理空间的层次结构如表4-8所示，在表中"省级行政区"为顶层特征语义对象，TOPFEATURE 字段值被设置为"1"，UPFEA-TUREOBJECTID 字段被设置为"−1"，其次是"地级行政区"，最底层为"县级行政区"，层次关系同时体现了空间上的包含语义关系和非空间上的所属语义关系，即 Is_Part_Of 语义关系。

表4-7 地理空间语义树表

字段名	字段类型	字段长度	字段功能
UPFEATUREOBJECTID	NUMBER	10	存储上级聚合特征语义对象 ID
UPFEATURENAME	VARCHAR2	12	存储上级聚合特征语义对象特征类型概念名称
FEATUREOBJECTID	NUMBER	10	存储聚合特征语义对象 ID
FEATURENAME	VARCHAR2	12	存储聚合特征语义对象特征类型概念名称
TOPFEATURE	NUMBER	1	用于标识是否为顶层聚合特征语义对象，是则赋值为1，否则为0

表4-8 地理空间聚合特征语义对象层次关系

ID	UPFEATUREOBJECTID	UPFEATURENAME	FEATUREOBJECTID	FEATURENAME	TOPFEATURE
1	−1	未知	1	省级行政区	1
2	1	省级行政区	2	地级行政区	0
3	2	地级行政区	13	县级行政区	0
4	2	地级行政区	14	县级行政区	0
5	2	地级行政区	15	县级行政区	0
6	2	地级行政区	16	县级行政区	0
7	2	地级行政区	17	县级行政区	0

ID	UPFEATUREOBJECTID	UPFEATURENAME	FEATUREOBJECTID	FEATURENAME	TOPFEATURE
8	2	地级行政区	18	县级行政区	0
9	2	地级行政区	19	县级行政区	0
10	2	地级行政区	20	县级行政区	0
11	2	地级行政区	21	县级行政区	0
12	2	地级行政区	22	县级行政区	0
13	2	地级行政区	23	县级行政区	0

B　特征类型表

特征类型表用于存储构建特征语义空间的特征类型概念名称及其编码，如表 4-9 所示，这个表主要和元数据表联合使用，通过特征概念类型名称从元数据表中提取构建特征语义对象的属性对象的所有属性信息。

表 4-9　特征类型表

字段名	字段类型	字段长度	字段功能
FEATURECODE	VARCHAR2	12	存储特征类型编码
FEATURENAME	VARCHAR2	12	存储特征类型概念名称

C　元数据表

元数据表主要用于存储特征语义对象的属性对集中的属性定义，如表 4-10 所示，相同特征类型概念的特征语义对象具有相同属性集。

表 4-10　元数据表

字段名	字段类型	字段长度	字段功能
FEATURENAME	VARCHAR2	14	存储特征类型概念名称
ATTRIBUTENAME	VARCHAR2	14	存储属性名称
ATTRIBUTETYPE	VARCHAR2	12	存储属性类型
ATTRIBUTELENGTH	NUMBER	2	存储属性长度

D　空间基准参考表

空间基准参考表主要存储特征语义对象的空间参考系统信息、比例尺和地理空间范围，如表 4-11 所示。空间参考信息以 WKT（Well-Known Text）透明文本

表 4-11 空间基准参考表

字段名	字段类型	字段长度	字段功能
SCS	CLOB	最大 4G	存储 WKT 格式的空间参考系统描述
SCALE	NUMBER	8	存储比例尺，如 2000
MinX	NUMBER	13，小数位 4	存储地理空间范围最小 X 坐标
MinY	NUMBER	12，小数位 4	存储地理空间范围最小 Y 坐标
MinZ	NUMBER	9，小数位 4	存储最小高程值
MaxX	NUMBER	13，小数位 4	存储地理空间范围最大 X 坐标
MaxY	NUMBER	12，小数位 4	存储地理空间范围最大 Y 坐标
MaxZ	NUMBER	9，小数位 4	存储最大高程值

形式表达并以字符型存储在数据库中，其定义主要包含以下 10 项内容：

（1）一个坐标系名称；

（2）一个地图投影坐标系统名；

（3）一个基准面定义；

（4）一个椭球体的名字，并给定长半轴（semi-major axis）和反扁率（inverse flattening）；

（5）本初子午线（prime meridian）名及其与格林威治子午线的偏移值；

（6）投影方法类型（如横轴莫卡托）；

（7）投影参数列表（如中央经线等）；

（8）一个单位名称，并给出其与米单位和弧度单位的转换参数；

（9）轴线的名称和顺序；

（10）给出设定参数在预定义的权威坐标系中的编码（如 EPSG）。以下是以 WKT 格式定义了一个三维空间坐标参考系统。

```
COMPD_CS [" Xian_1980_3_Degree_GK_Zone_38",
    PROJCS [" Gauss_Kruger",
        GEOGCS [" GCS_Xian_1980", DATUM [" D_Xian_1980",
    SPHEROID [" Xian_1980", 6378140.0000, 298.2570, AUTHORITY [" EPSG",
" 7001"]],
            TOWGS84 [375, -111, 431, 0, 0, 0, 0], AUTHORITY [" EPSG",
" 6277"]],
            PRIMEM [" Greenwich", 0, AUTHORITY [" EPSG"," 8901"]],
        UNIT [" DMSH", 0.017453292519943299, AUTHORITY [" EPSG",
" 9108"]],
```

```
AXIS [ " Lat ", NORTH], AXIS [ " Long ", EAST ], AUTHORITY [ " EPSG ",
" 4277"] ],
        PROJECTION [" Transverse_Mercator" ],
        PARAMETER [" latitude_of_origin", 49],
        PARAMETER [" central_meridian", 114],
        PARAMETER [" scale_factor", 1.0],
        PARAMETER [" false_easting", 38500000],
        PARAMETER [" false_northing", 0.000],
        UNIT [" metre", 1, AUTHORITY [" EPSG"," 9001" ] ],
        AXIS [" E", EAST], AXIS [" N", NORTH],
        AUTHORITY [" EPSG"," 27700" ] ],
    VERT_CS [" Yellow_Sea_1985",
VERT_DATUM [" Yellow_Sea_1985" ], UNIT [" metre", 1],
        AXIS ["Up", UP], AUTHORITY [" EPSG"," 5701" ] ],
    AUTHORITY [" EPSG"," 7405" ] ]
```

E 非空间语义关系表

非空间语义关系表存储 ISA、IsPartOf 及 IsMemberOf 三种非空间语义关系，存储结构如表 4-12 所示。ISA 表明该特征类型概念是从哪个特征类型概念派生出来的，如公路是从道路派生出来的一个子类，它继承了道路特征所有性质，提供这种关系在类型综合非常有用，能够保证子类正确的综合。IsPartOf 关系表明特征语义对象之间的一种从属关系，如一栋教学楼属于某个学校。

表4-12 非空间语义关系表

字段名	字段类型	字段长度	字段功能
FEATUREOBJECTID	NUMBER	10	存储特征语义对象 ID
FEATURENAME	VARCHAR2	12	存储特征类型概念名称
IsA	VARCHAR2	12	存储父类特征类型概念名称
IsPartOf	NUMBER	10	存储所属的聚合特征语义对象 ID 或组合特征语义对象 ID
IsMemberOf	NUMBER	10	存储同类对象集合 ID

F 空间语义关系存储表

空间语义关系存储表有三个：拓扑关系表、方位关系表和距离关系表，三个表结构类似，包括两个字段：特征语义对象 ID 和空间关系集，如表 4-13 所示的拓扑关系表存储结构，空间关系集以 WKT 格式描述该特征语义对象与周围环境中特征语义对象的空间关系，如下所示的对拓扑关系集的描述形式：

ToplogyRels(拓扑关系 1(特征语义对象 ID…) 拓扑关系 2(特征语义对象 ID …) …)
式中，关系与关系之间、特征语义对象 ID 之间用空格隔开。

表 4-13 拓扑关系表

字 段 名	字段类型	字段长度	字 段 功 能
FEATUREOBJECTID	NUMBER	10	存储特征语义对象 ID
FEATURENAME	VARCHAR2	12	存储特征类型概念名称
SpatialRels	CLOB	最大 4G	存储以 WKT 格式描述的空间关系集合

4.3.2.2 特征语义对象表

特征语义对象表存储特征语义对象的固有属性、属性对象和几何对象，存储结构如表 4-14 所示，表名使用特征类型概念名进行命名，这样命名的作用在于当数据库访问时直接可以根据特征类型概念名找到表名，自动构建 SQL 语句，而无需人工干预。固有属性包括特征类型编码、特征类型概念名称、特征语义对象标识、特征语义对象标准名称及特征语义对象别名。特征语义对象的属性对象被当作普通属性存储。本研究使用的目标数据库是 Oracle11g，这样几何对象使用对象类型存储，可以有以下两种选择：

（1）Oracle Spatial 的 SDO_ Geometry 对象类型存储，使用这种类型的好处可以充分利用 Oracle Spatial 提供的丰富空间功能及空间索引模块，它目前提供了两种主要的空间索引方法：R 树索引和四叉树索引，这两种索引的选择根据空间数据的空间分布特征来决定。

表 4-14 特征语义对象表

字 段 名	字段类型	字段长度	字 段 功 能
FEATURECODE	VARCHAR2	10	存储特征类型编码
FEATURENAME	VARCHAR2	12	存储特征类型概念名称
SEMANTICOBJECTID	NUMBER	10	存储特征语义对象标识
SEMANTICOBJECTNAME	VARCHAR2	20	存储特征语义对象标准名称
SEMANTICOBJECTAliasNAME	VARCHAR2	50	存储特征语义对象别名，可能拥有多个别名，表达格式如：{[别名 1][别名 2][…]}，别名之间以空格间隔
SEMANTICOBJECTTYPE	NUMBER	1	存储特征语义对象类型： 1—代表元特征语义对象 2—代表组合特征语义对象 3—代表聚合特征语义对象

字 段 名	字段类型	字段长度	字 段 功 能
UPSEMANTICOBJECTID	NUMBER	10	存储组合或聚合特征语义对象 ID
Atrribute1_			存储特征语义对象的属性对象中的属性，为了保证字段的唯一性，字段名使用属性名加一下划线
Atrribute2_			
⋮			
Atributen_			
minX	NUMBER	10	平移后特征语义对象的最小 X
minY	NUMBER	10	平移后特征语义对象的最小 Y
maxX	NUMBER	10	平移后特征语义对象的最大 X
maxY	NUMBER	10	平移后特征语义对象的最大 Y
Shape	WKBGeometry	4G	存储特征语义对象几何对象

（2）直接使用 CLOB/BLOB 对象类型存储，如果选择这种方式存储，Oracle Spatial 的现有功能就无法使用，但是用这种方式存储，几何存储格式的编写比 SDO_ Geometry 简便得多。同时，本书在实践中发现使用 SDO_ Geometry 作为几何存储列，使用简单的 SQL 插入语句时，当坐标个数超过 1000 时，会出现"ORA-00939：函数参数过多"的错误提示。对于这个问题的解决需要用到 Oracle Spatial 的 SDO_ UTIL.TO_ WKTGEOMETRY 或者 SDO_ UTIL.FROM_ WK-BGEOMETRY 程序包，但这样存储效率比较低，因为首先要定义一个 CLOB/BLOB 类型的 Oracle 存储参数，然后将 WKT/WKB 格式描述的几何转换成 Oracle 内部数据类型 CLOB/BLOB 传给这个参数，最后上述程序包将这个参数的内容转换成 SDO_ Geometry 格式，整个过程非常耗时，所以本研究选择格式化了的二进制格式 WKBGeometry 作为特征语义对象的几何对象存储列，并通过实验证明该格式具有很高的存/取效率。

特征语义对象的属性对象中的属性数据库存储几点规定：

（1）如果属性数据类型为数字型和布尔型，使用 NUMBER 类型，采用 0 和 1 分别代表 True 和 False，因为在 Oracle 中没有 Bool 类型。

（2）如果属性数据类型为字符型和日期型，则使用 VARCHAR2 类型。

（3）如果属性数据类型 Byte［］，则使用 BLOB 类型。

4.3.3　特征语义对象的几何存/取机制

4.3.3.1　基于 WKBGeometry 格式的几何对象交互

特征语义对象的几何对象的存储与访问过程如图 4-7 所示，通过几何对象存储接口与访问接口实现特征语义对象中的几何同数据库中 WKBGeometry 格式化的 BLOB 二进制几何对象相互转换。

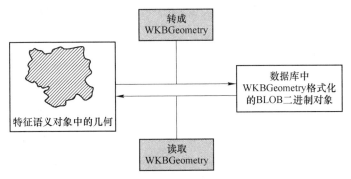

图 4-7 特征语义对象的几何对象的存储与访问过程

A 特征语义对象的几何对象存储

特征语义对象的几何对象存储的主要函数如表 4-15 所示。

表 4-15 用于特征语义对象的几何对象存储的主要函数

函　数　名	作　　用
ToWKBGeometry（Geometry pGeo）	将特征语义对象的几何对象转换成 WKBGeometry 中的几何对象，实际转换由几何类型选择具体函数
ToWKBPoint（Geometry pGeo）	将特征语义对象的点几何对象转换成 WKBGeometry 中的 WKBPoint 对象，返回 Byte［］类型
ToWKBMPoint（Geometry pGeo）	将特征语义对象的多点几何对象转换成 WKBGeometry 中的 WKBMultiPoint 对象，返回 Byte［］类型
ToWKBLineString（Geometry pGeo）	将特征语义对象的线几何对象转换成 WKBGeometry 中的 WKBLineString 对象，返回 Byte［］类型
ToWKBMLineString（Geometry pGeo）	将特征语义对象的聚合线几何对象转换成 WKBGeometry 中的 WKBMultiLineString 对象，返回 Byte［］类型
ToWKBPolygon（Geometry pGeo）	将特征语义对象的多边形几何对象转换成 WKBGeometry 中的 WKBPolygon 对象，返回 Byte［］类型
ToWKBMPolygon（Geometry pGeo）	将特征语义对象的聚合多边形几何对象转换成 WKBGeometry 中的 WKBMultiPolygon 对象，返回 Byte［］类型
ToWKBGeometryCollection（Geometry pGeo）	将特征语义对象的几何对象集合对象转换成 WKBGeometry 中的 WKBGeometryCollection 对象，返回 Byte［］类型

B 特征语义对象的几何对象访问

特征语义对象的几何对象访问的主要函数如表 4-16 所示，根据

WKBGeometry 中的几何结构对二进制几何对象进行解析，生成对应类型的特征语义对象的几何对象。

表 4-16　用于特征语义对象的几何对象访问的主要函数

函　数　名	作　　用
FromWKBGeometry（Byte［］pWKBGeo）	将 WKBGeometry 格式化的二进制流 Byte［］转换成特征语义对象中的几何对象
FromWKBPoint（Byte［］pWKBGeo）	返回特征语义对象的点几何对象
FromWKBMPoint（Byte［］pWKBGeo）	返回特征语义对象的聚合点几何对象
FromWKBLineString（Byte［］pWKBGeo）	返回特征语义对象的线串几何对象
FromWKBMLineString（Byte［］pWKBGeo）	返回特征语义对象的聚合线串几何对象
FromWKBPolygon（Byte［］pWKBGeo）	返回特征语义对象的多边形几何对象
FromWKBMPolygon（Byte［］pWKBGeo）	返回特征语义对象的聚合多边形几何对象
FromWKBGeometryCollection（Byte［］pWKBGeo）	返回特征语义对象的几何集合对象

4.3.3.2　特征语义对象的几何数据存储压缩

对空间数据的存储进行压缩可以节约大量存储空间，同时还可以提高空间数据的传输速度。双精度型空间数据的坐标占用计算机存储资源比较大，每个顶点的坐标分量占用 8 字节，如果几何对象同时支持 Z 值和 M 值，那么需要 32 个字节的存储空间。如果一个几何对象具有成千上万个顶点，若按完全使用双精度型存储模式，则将占用大量的存储资源。计算机对整型数据存储只需分配 4 个字节，若能将双精度转化为整型存储空间坐标，那么可以节约大量存储空间，并且计算机对整型数据的处理速度比双精度型、浮点型都要快。数据存储压缩处理流程如下所示。

步骤一：计算相对坐标。

一般情况下，空间数据在内存计算过程中使用的是绝对坐标，而在数据库中存储的是相对坐标，这样可以减少坐标存储位数。具体做法，首先提取特征语义空间域值 {（minX，minY，［minZ，］［minM］），（maxX，maxY，［maxZ，］［maxM]）}；然后将所有特征语义对象的几何对象的空间坐标分量分别减去（minX，minY，［minZ，］［minM]），获得相对坐标。

步骤二：相对坐标平移。

相对坐标平移是将双精度型转成整型，这个过程取决于空间数据的精度，即有效小数点位数。精度值是在创建数据的时候指定的，选择小的精度值会导致几何信息损失，选择大的精度值则会使原始坐标值放大过多，即保留了不需要存储的数值，浪费了存储空间，而使得数据库存储效率下降，性能降低。相对坐标平移计算如式（4-1）所示。

$$\left.\begin{array}{l} intXi = Int\left[(Xi - minX) * Precision + 0.5\right] \\ intYi = Int\left[(Yi - minY) * Precision + 0.5\right] \end{array}\right\} \qquad (4-1)$$

式中，intXi 和 intYi 表示绝对坐标 Xi、Yi 的相对坐标平移后所得整数坐标；minX 和 minY 表示特征空间域的最小值；Precision 为精度值，如果有效小数点位数为 3，则 Precision = 1000；Int ［］为取整函数，为了避免临界值出现，在取整之前，系统自动添加 0.5，保证四舍五入后至少是 1 的正整数。

步骤三：存储坐标增量。

为了进一步压缩存储空间，在 WKBGeometry 格式化的二进制 BLOB 对象中，几何对象的第一个点存储平移后的相对整数坐标，其余点存储和前一点的坐标增量（Δx，Δy，［Δz，］［Δm］），如图 4-8 所示的 WKBPolygon 对象的存储，其中 P 为坐标精度 Precision。从数据库读取几何对象时，只要对式（4-1）执行逆向求解，即可获得坐标参考系统中的坐标。

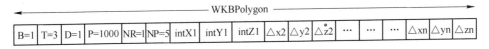

图 4-8　压缩的 WKBGeometry 存储格式

4.3.4　数据库存/取接口实现

本研究采用 C#语言从底层实现了基于 Oracle11g 的特征语义对象的数据库存储与访问接口，实现了特征语义对象信息无损的存储和读取，在数据库存储模型中保持了特征语义单元的整体性和联系性。特征语义对象存储与访问操作界面如图 4-9 所示，系统提供了两种存储模式：批量存储模式和逐个存储模式。批量存储主要利用了 Oracle 提供的存储参数绑定机制，并对每个字段创建一个数组变量，在存储前先设置数组的阈值，当数据个数达到这个阈值时，就将数据赋给对应的数据库存储变量，并一次性向数据库提交；当数据量没有达到阈值，但当前数据已经达到记录末尾，或者处于同层特征空间中两种不同特征概念类型记录交接处时，需要重新设置 Oracle 绑定变量大小为当前数据的个数，并定义一组新的字段变量数组，数组长度为当前数据个数，然后将当前所有数组中的数据存储到对应新的数组中，再向数据库提交。批量存储能够达到很好的存储效率，但是阈值的设置要适中，不能太大。阈值选择与单个地理实体的几何坐标个数相关，同时也与地理实体总体个数相关。

图 4-9　特征语义对象数据库存储与访问操作界面

4.3.5　与传统空间数据存储对比分析

本章提出的空间数据存储模型与传统空间数据存储模型相比具有以下优势：

（1）前者通过语义树表和语义关系表在数据库存储层次来维持地理空间的整体性和联系性，从而实现在数据库存储层次与地理空间认知、空间数据逻辑表达的一致性；而后者在数据库存储层次与空间数据逻辑表达层次一样，不能够有效地维护地理空间的整体性和联系性。

（2）在前者的特征语义对象表中，几何存储类型没有限制几何维度，具有相同特征概念类型的不同抽象维度的特征语义对象能够完全存储在同一个特征语义对象表中；而在后者具有相同类型的地理实体必须具有相同维度才能一起存储在同一个数据库表中，不同维度的抽象是分开存储的。

（3）前者在特征语义树表中显示存储了聚合特征语义对象之间的地理空间层次关系，通过语义树表能够实现基于不同层次深度特征语义空间的访问；而后者在数据库存储层次无法满足这种需求。

（4）前者对非空间语义关系和空间语义关系显示存储，达到一次构建长期使用的目的，从而可以帮助改善空间查询效果；而后者没有提供对这些语义关系显示存储机制。

4.4 基于多级格网的特征语义空间的层次空间索引

4.4.1 空间索引类型与比较

GIS 的主要任务之一是有效地检索空间数据及快速响应不同用户的在线查询[135]。空间索引技术是提高 GIS 中的空间数据检索、查询以及各种空间分析操作等方面效率的关键技术。目前，根据空间数据索引结构的特点，可以将空间索引分为[136]：

（1）基于二叉树的索引方法，典型范例有 K-D 树、K-D-B 树、LSD 树等；

（2）基于 B 树的索引方法，如 Guttman 提出的 R 树；

（3）基于 Hashing 的格子方法，如格子文件 R-file 等；

（4）空间对象排序方法，常见的方法有 Location Keys、Z-ordering Hilbert 等。也有的分类方法将空间索引结构分为基于点数据的空间数据索引结构和基于区域的空间数据索引结构两大类。

主要空间索引算法比较如表 4-17 所示，不同的空间索引具有不同的适应对象，都有各自的优势和缺陷，孰优孰劣很难定论。为了充分利用不同索引的优势，现在很多软件都实现了多索引方法，在不同的空间特征的情况下使用不同的空间索引。

表 4-17 主要空间索引方法比较[135]

索引名称	划分区域方法	适合对象	优　点	缺　点
B 树	数据分层	文本	高效、动态索引	无法胜任海量空间数据
K-D 树	按点二分	点对象	具有较低的存储需求，高效查询	无法管理海量数据，更新困难，主要用于点对象索引
K-D-B 树	按点二分	点对象	动态索引，高效查询	删除算法效率较低，空间浪费；线、面对象索引困难
点四叉树	按点四分	点对象	操作简单，支持动态更新，查找快	非平衡树，空间利用率低，适用于点对象
面四叉树	面域四分	空间对象	空间划分无重叠，可控分辨率，隐含空间关系，查找快	深度相差大，数据结构复杂，动态维护困难

索引名称	划分区域方法	适合对象	优　点	缺　点
R 树	面域矩形划分	空间对象	比 K-D 树和四叉树更灵活，查询效率较高	区域重叠，影响效率，动态维护性能较差
R 变种树	矩形或不规则多边形	空间对象	区域重叠度改善，效率有所改善	算法复杂，动态维护性能较差
格网索引	面域等（不等）分	空间对象	结合编码，高效查询，算法简单	数据冗余大，单一分辨率，变长记录，难以维护
地址编码	基于格网剖分	空间对象	集成表达，多分辨率，可用于非欧空间索引	隐形位置表达，转换计算量大，数据存储量大，通用性差

　　基于特征语义对象之间在空间上具有纵向层次语义关系的特征，同时兼顾格网索引的高效空间查询和实现算法比较简单等优势，本书选择格网索引来实现特征语义对象的层次空间索引。

4.4.2　格网索引

4.4.2.1　格网索引的建立

　　网格索引是一种相对简单的空间索引，它将整个图幅最小外包矩形均等地划分为 m 行和 n 列，即规则地划分二维数据空间，得到 $m \times n$ 个小矩形网格区域。每个网格区域为一个索引项，并分配一个动态存储区，全部或部分落入该网格的空间对象的标识以及外接矩形存入该网格[137]。格网索引建立的步骤为[138]：

　　步骤一：首先将图幅区域划分成 $m \times n$ 若干格网，则每个小块可表示为 Block $[k, j]$，$0 \leqslant k \leqslant m$，$0 \leqslant j \leqslant n$，为每个小块编号分配数据桶 Buck $[i]$，其中，$i = k \times n + j$。

　　步骤二：遍历整个图幅空间，判断每个目标落入哪几个格网，将目标标识 ID 插入到对应数据桶。

　　步骤三：最后生成的格网索引数据结构由桶列表以及各桶对应的对象单链表组成，如图 4-10 所示，其中，各桶都有指向第一个对象结点的指针，若该指针不为空，则表示该桶内存在对象，需继续检索；否则，桶内为空，将不对桶进行检索。

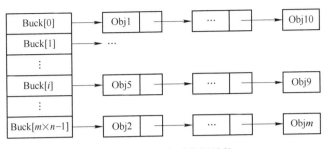

图 4-10　格网索引数据结构

格网单元大小的确定是构建格网索引的一个关键环节，太小会使得目标对象跨越格网太多，检索的格网单元数就增多；而太大又会使得格网单元中落入对象数会增多，进行二次空间过滤的对象数就越多，两种情况都会影响空间检索效率。目前，确定格网单元大小比较常用方法是对目标对象 MBR 的长和宽做正态分布计算，确立划分格网最小单元的最佳行高和列宽。它的主要思想是[139]：以图层中所有空间实体 *MBR* 的长作为样本，并对该样本进行排序，得到一组从小到大的新样本，利用正态分布检验算法求出样本的均值 μ 和方差 σ，接着以 $\mu + \sigma$ 为网格单元行高的初始值，每次增加 0.1σ，增加 m 次（m 由 r 决定，对于那些不服从正态分布要求的数据参照正态分布的 "3σ 准则" 引进一个比例系数 r（$0 < r \leqslant 1$），r 的默认值为 $[0.90, 0.95]$），最终以 $\mu + \sigma + m * 0.1\sigma$ 作为网格单元的行高，从而得到网格划分的行数 M。若以图层中所有空间实体 MBR 的宽作为样本，同样可以确定网格划分的列数 N。具体算法如下所示：

（1）输入索引空间中所有空间实体 MBR 的长或宽样本（x_1, x_2, $\cdots$, x_n）；

（2）对样本（x_1, x_2, $\cdots$, x_n）进行排序，得到一组从小到大的新样本 $\{\text{data}[i]\}$；

（3）利用式（4-2）求解出样本均值 μ：

$$\mu = \frac{1}{n} \sum_{j=1}^{n} x_j \tag{4-2}$$

（4）利用式（4-3）求解样本方差 σ：

$$\sigma = \sqrt{\frac{1}{n} \sum_{j=1}^{n} (x_j - \mu)^2} \tag{4-3}$$

（5）置 position$\Leftarrow$0；

（6）置 step$\Leftarrow$0；//定义一个调整比例；

（7）置 $i\Leftarrow$0；

（8）若 $i = n+1$，转步骤（11）；

（9）若 $(\mu + \sigma + \text{step} * \sigma) \leqslant \text{data}[i]$，转步骤（10）；若 $(\mu + \sigma + \text{step} * \sigma)$

> data[*i*]，*i*++，转步骤（8）；

（10）若（*i* + 1）/*n* < *r*，step＝step+0.1，*i*++，转步骤（8），否则执行（*μ*+ *σ*+ step * *σ*）；若（*i* + 1）/*n* ≥ *r*，position＝*i*+1，转步骤（11）；

（11）结束返回 data［position-1］，输出网格索引划分的单元格的长（宽）度。

4.4.2.2　多级格网索引机制

由于格网索引是一种多对多的索引模式，即一个格网可能被多个目标对象占用，同时，一个对象可能落入多个格网，这样判断一个输入窗口内包含的目标对象，需要在多个 Buck 中判断，非常耗时，一级格网索引检索效率难以达到理想效果。为了提高格网索引的效率，人们提出了多级格网索引机制及其划分原则，例如，ESRI 的 Geodatabase 提供了三级索引机制，第一级格网的划分单元粒度最小。Geodatabase 多级格网划分的原则是目标对象不跨越 4 个格网单元，如果超过了这个阈值，则将该对象索引到下一级格网，如图 4-11 所示，多边形 101 位于Level1 的格网单元 4 中，占据一个单元。空间索引表上会添加一条记录，这是因为 101 所占格网单元数小于四个。多边形 102 的包络矩形 MBR 位于 Level1 的格网单元 1 到单元 8 中，所占格网单元数大于四个，将其提到 Level2 中，则占据两个格网单元，那么多边形 102 在 Level2 中建立索引，并且向空间索引表中添加两条记录。

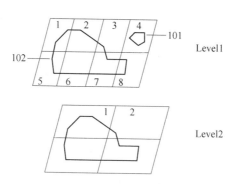

图 4-11　地图空间多级格网索引构建

多级格网索引每次划分时格网单元的长、宽值对索引效率具有很重要的影响，选取不同值，所得到索引效率也将不一样。因此，多级网格空间索引最需解决的问题应是：格网单元长、宽值的确定。一般来说，应遵循三个划分原则[139]：

（1）尽量使得每个小网格中的空间实体数均衡。

（2）应保证较高层小网格中的空间实体数较小。

（3）将每个小网格中的空间实体数控制在理想的水平。在实际的应用中，一般都是通过提供空间索引参数 M1×N1（第一层网格数）和步长 $K^{[4]}$（等比增长）给用户，允许用户尝试不同的空间索引参数值和 K 值建立空间索引，从中获得索引效率较高的多级网格划分方式，提高了多级网格空间索引的可调节性，从而解决各层格网单元长、宽值难确定的问题。

4.4.3 层次空间索引构建

基于特征语义对象表达的地理空间本身就具有一定的层次性，上层特征语义对象是下层特征语义对象的聚合，是一种上下级的空间语义关系，如图 4-12 所示，大公镇是最高级别的特征语义对象，它是由翠湖中学、隐居苑、学勤路、胜利北路、胜利南路等特征语义对象聚合而成，而翠湖中学和隐居苑又是由处在最底层的特征语义对象聚合而成的。那么在构建空间索引时必须充分考虑空间数据模型的这种特性，不应破坏这种空间组织关系，因为在该模型中，特征语义对象之间本身就在空间上隐含了空间索引的某些性质。特征语义空间的层次空间索引实现原理：

（1）分别对特征语义空间每层单独构建多级格网索引，并在下层特征语义空间的多级格网索引记录项中保存上层特征语义空间中聚合特征语义对象的对象标识符，如图 4-13 所示，这样可以在空间索引中自动维护特征语义空间的纵向语义关系，提高空间检索效率。

（2）特征语义空间的顶层对象为单级索引，且格网单元大小即为特征语义对象外包络矩形 MBR。

（3）为了避免格网索引划分层级过多的情形出现，特征语义空间中的每层线对象和面对象分别独立构建索引，点对象同面对象一起参与构建索引。

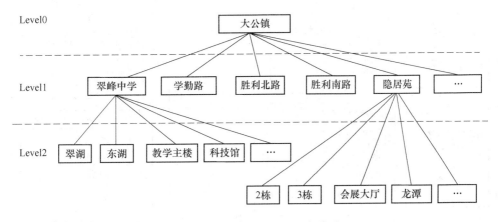

图 4-12 特征语义空间的层次关系

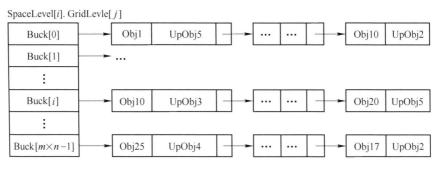

图 4-13　特征语义空间的格网索引结构

（SpaceLevel［*i*］. GirdLevel［*j*］表示特征语义空间第*i*层的第*j*层格网索引）

4.4.4　层次空间索引数据库存储结构

空间索引一般是在内存中创建的，为了能够重复使用，需要将其按规定格式存储在磁盘文件或数据库中，使用时只要从外存中读取。这里我们将空间索引存储在数据中来持久化，特征语义对象空间层次索引的数据库存储表主要包括：空间索引元数据表、空间索引分页表和若干特征语义空间层索引表，如图 4-14 所示。空间索引元数据表存储内容包括：特征语义空间层顺序编号、格网索引名称、格网索引层级顺序号以及每层格网索引的格网单元的大小。为了程序设计处理方便，空间索引表命名规则为：SpaceLevel+特征语义空间层顺序号+索引对象类型（Line 表示线对象，Polygon 表示面对象），例如 SpaceLevel_1_Polygon、SpaceLevel_1_Line。为了管理方便，格网索引存储规定同层特征语义空间的所有

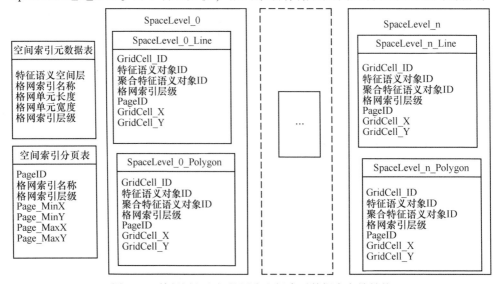

图 4-14　特征语义空间的层次空间索引数据库存储结构

线对象或面对象的多级格网索引存储在同一张索引表中，并用格网索引层级标识加以区别，同时对每层格网索引根据格网单元大小按一定空间范围进行分页，以提高索引检索效率，在空间查询时，先判断查询窗口落在哪些页面上，然后和对应页面上的多级格网索引单元进行比较等操作，这样可以大幅减少检索时间。

4.4.5 空间索引效率测试

实验操作系统为 Windows XP2，内存 2G，双核，主频 2.83GHz，硬盘 160G，实验软件系统采用 C#语言编写。为了测试本书提出的特征语义空间的层次空间索引效率，我们对任意多边形的空间包含和空间相交查询分别进行了 8 个实验，查询多边形通过鼠标从当期屏幕图形窗口任意绘制，每个实验都运行了 10 次，取平均耗时。特征语义空间划分为 3 个层次，实验数据包含四种特征概念类型，几何类型主要为多边形，实验数据描述见表 4-18。从表 4-19 和表 4-20 实验运行结果来看，可以得知本研究提出的层次空间索引具有非常高的空间查询效率，查询耗时基本上和数据量大小及最终结果个数正相关，同时，还以地理对象的几何复杂度正相关，例如，表 4-19 实验 7 最终结果为 407，耗时 184ms，而实验 8 最终结果为 701，耗时 166ms，查询效率明显高于实验 7。再者，从表 4-19 和表 4-20可以看出，空间相交查询总体效率要优于空间包含查询，这主要是由于空间包含查询算法时间复杂度要高于空间相交查询所致。

表 4-18 层次空间索引实验数据

实验编号	1	2	3	4	5	6	7	8
实验数据大小/M	9.85	10.3	11.3	13.1	15.6	20.5	30.3	40.7
空间对象数量/个	2072	5812	11410	22237	36919	65470	120574	180078

表 4-19 空间包含查询实验结果

实验编号	1	2	3	4	5	6	7	8
候选对象数量/个	144	163	209	152	322	317	612	1039
最终结果数量/个	65	101	126	99	213	230	407	701
平均耗时/ms	14	16	17	14	36	41	184	166

表 4-20 空间相交查询实验结果

实验编号	1	2	3	4	5	6	7	8
候选对象数量/个	211	187	225	240	291	375	596	765
最终结果数量/个	157	141	157	189	184	285	499	601
平均耗时/ms	16	14	20	28	33	48	108	205

4.4.6 与传统空间数据索引方式对比分析

本章提出的空间数据索引方式与传统空间数据索引方式对比主要优势体现：

（1）前者提出的索引方式中充分考虑地理空间层次关系本身隐含了空间索引的特性，在下级空间索引中存储了上级聚合特征语义对象 ID，借助层次关系可以提高空间索引检索效率；而对基于分层模式组织的空间数据构建索引时，这种空间层次关系特性已经被破坏从而无法被利用。

（2）前者提出的索引方式对同层空间中的不同特征概念类型的地理实体统一构建空间索引，每层只要创建线类型和面类型两个索引存储表，降低索引数据的维护工作量；而后者在构建索引过程中对不同类型地理实体所在图层独立索引，在数据库中需要创建多个索引存储表，在索引数据维护上，工作量大于前者。

4.5 自上而下的数据库访问机制

4.5.1 特征语义空间框架构建

特征语义对象的数据库访问是数据库存储的一个逆向过程，是实现特征语义对象在计算机内存中对象化的过程，它实现地理空间在表示层以整体方式地组织与表达。空间数据访问的一个关键问题就是特征语义空间框架的构建，它是空间数据模型的骨架，这个骨架由一系列的聚合特征语义对象有机构成。在特征语义树表中，聚合特征语义对象间的纵向空间语义关系被存储，在该表中顶层聚合特征语义对象是唯一的。在空间数据访问时，首先对此表进行解析，构建特征语义空间的主体架构。例如表 4-8 存储了一个省级范围的行政区划空间分布结构，由省级、地级、县级三级区划构成，首先，从该表第一行记录的"TOPFEATURE"字段的值为"1"可知：标识符为"1"的特征概念类型属于省级行政区的聚合特征语义对象是顶层特征语义对象；然后，根据"UPFEATUREOBJECTID"和"UPFEATURENAME"两个字段找到它的次级聚合特征语义对象，对象标识符为"2"，特征概念类型属于地级行政区，依此类推找到最底层聚合特征语义对象，与此同时，并创建各级聚合特征语义对象，从对应的特征语义对象表和基本表中读取该对象的信息；最后，将下级聚合特征语义对象保存到上级聚合特征语义对象链表中，从而构建起特征语义空间框架，如图 4-15 所示。

4.5.2 非聚合特征语义对象的加载

非聚合特征语义对象是特征语义空间的"血"和"肉"，是地理空间的基本组成单元，承载着地理空间的基本功能。非聚合特征语义对象的加载需要借助非

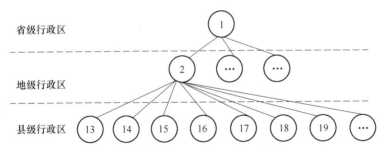

图 4-15 省级范围的行政区划特征语义空间框架

空间语义关系表中信息来完成，在该表中维护着聚合特征语义对象与非聚合特征语义对象之间整体和部分的语义关系。实现非聚合特征语义对象的加载的基本过程：首先，对已经构建好的特征语义空间框架中的对象进行遍历提取对象 ID；然后，将该对象 ID 跟非空间语义关系表中字段"IsPartOf"的值进行对比，提取与该对象 ID 相等的所有行，那么这些行所指向的特征语义对象就为该对象所拥有，逐一创建这些对象，从对应特征语义对象表和基本表中读取每个新建对象的数据，并保存到该对象的非聚合特征语义对象的存储链表中。

非聚合特征语义对象的加载的程序实现：

```
public void insertFSO (AggregateFeatureSemanticObject pAgg)
//pAgg 为构成特征语义空间框架的聚合特征语义对象，它是由多个语义层构成
{
    int pSematicObjectID = pAgg.getSemanticObjectID (); //获取聚合特征
                                                对象标识
    string sql = " select distinct FEATURENAME, ISPARTOF from " + puser-
    name + " .UNSPATIALSEMANTICREL where ISPARTOF = " + pSematicObjec-
    tID;
    OracleCommand cmd = new OracleCommand ();
    cmd.Connection = pconn;
    cmd.CommandText = sql;
    OracleDataReader preader = cmd.ExecuteReader ();
      while (preader.Read () )
      {
      string pFCName = preader.GetString (0); //获得子对象的特征概念类
                                                型名
      //从属性对象列表中读取特征概念类型名为 pFCName 的属性对象
        AttributeObject pAttributeObject = getAtributeObject ( pFC-
        Name);
        {
```

｜通过 SQL 从表名为 pFCName 值的特征语义对象表中找出聚合特征语义对象
ID 等于 pSematicObjectID 的特征语义对象所有行 RowObjects;｜
｜//对 RowObjects 循环, 并定义特征语义对象
for (int i = 0; i<RowObjects.Count; i++)
｛
　if (特征语义对象类型 = 1)
　｜｜定义元特征语义对象;｜
　　｜给该对象的基本属性项和属性对象的属性项赋值;｜
　　｜从基本表中读取该对象的非空间语义关系和空间语义关系信息;｜
　　｜将 WKBGeometry 格式化的二进制 BLOB 对象转换成模型中的几何,
　　并赋给该对象;｜
　　　｜将该对象添加到 pAgg 的元特征语义对象列表中;｜
　　｝
　　if (特征语义对象类型 = 2)
　　｛
　　　｜定义组合特征语义对象;｜
　　　｜给该对象的基本属性项和属性对象的属性项赋值;｜
　　　｜从基本表中读取该对象的非空间语义关系和空间语义关系信息;｜
　　　｜将 WKBGeometry 格式化的二进制 BLOB 对象转换成模型中的几
　　　何, 并赋给该对象;｜
　　　｜将该对象添加到 pAgg 的组合特征语义对象列表中;｜
　　｝
　　｝
　｝
　｝
｝

preader.Close ();
//遍历特征语义空间下级聚合特征语义对象, 并加载所拥有的特征语义对象
for (int i = 0; i < pAgg.getAggregateFeatureSemanticObjects ()
.Count; i++)
　｜ insertFSO (pAgg.getAggregateFeatureSemanticObject (i);｜
｝

4.5.3 基于路径相关的特征语义空间动态访问策略

虽然计算机内存数据访问速度远高于外存数据的访问, 但由于空间数据具有
海量的特征, 受计算机内存大小的限制, 不可能将所有空间对象一次性读入计算
机内存, 必须采用空间数据动态调度机制。空间数据动态调度时, 为了保持可视
化时清晰、可读, 必须采用多尺度表达技术, 根据屏幕比例尺对可视区域内的要

素进行动态取舍、化简等综合。从技术层面上讲，可将多尺度表达分为两部分：多个比例尺之间的无缝连续表达和单一比例尺内部的细节分层（分级）[140]。目前，对传统空间数据组织与调度的研究，主要是在参考地形、影像空间数据的组织与调度基础上进行的，采用格网划分、空间索引[141]或两者结合的方式、基于地形格网划分与基于规则划分四叉树方式[142]对空间数据进行组织，利用 LOD、多线程、缓存、基于平衡兴趣树[143]、活动对象的样品树[144]、内存池页面置换算法[145]等技术进行空间数据的调度。

特征语义空间地理对象的调度与传统分层模式表达的空间对象调度方式具有很大差别，它是一种自上而下逐层访问机制，那么在动态加载时也必须遵循这种策略，数据的调度不可以跃层，否则会出现数据断层现象，破坏特征语义空间的纵向拓扑关系。特征语义对象动态访问具体实现过程如下：

（1）系统初始设置：

1）分配一个物理内存 MSize，MSize 大小必须小于实际的计算机内存，需要设置一个适中的大小。

2）为每层空间设置一个可视比例尺 VisibleScale[i]。

3）指定初始数据加载可显示的比例尺大小。

（2）初始数据加载。从顶层空间开始加载对象，假设单个空间对象占用的内存为 S_k，若 $\sum S_k \leq$ MSize，则继续加载对象，否则停止加载，并将对象 ID 保存到加载对象 ID 链表中，提取地图屏幕窗口 W1 和内存数据窗口 W2（顶层空间对象不参与 W2 的计算），W1 指当前显示窗口代表实际地理空间范围，在数据全屏显示时，一般有 W2≤W1。

（3）地图缩放操作的内存数据管理。当地图缩放比例尺达到 VisibleScale [i+1]时，则除顶层对象外，其余空间层重新加载。如图 4-16 所示 Root 为顶层空间对象，A、B、C、10、9 和 8 为第二层空间对象，D、1、6、4、5、7 为第三层空间对象，2 和 3 为最底层空间对象，放大前对象 2 和 3 可见，放大后达到了显示比例尺，则可见，那么需要将 2 和 3 加载到内存数据，具体操作：

1）将当前窗口（如图 4-16 虚线所示）与第 i+1 层空间索引进行过滤，获得当前窗口第 i+1 层空间对象；如果当前窗口内不存在第 i+1 层空间对象，则增加窗口范围，继续前面操作。

2）释放除顶层对象 Root 以外的对象，由当前获得的第 i+1 层空间对象自底向上的顺序溯源空间数据加载路径，建立起一条主路径，并加载主路径上的对象，如图 4-17 所示。

3）然后根据相邻路径的距离相关度逐一加载其他路径。

4）只要加载的内存数据量小于 MSize，继续 3）的操作，重新计算内存数据窗口 W2 及当前窗口 W1。

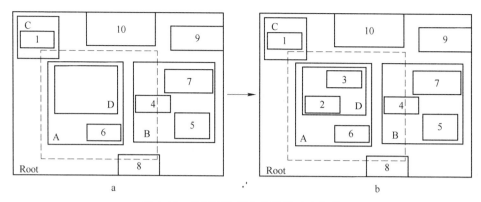

图 4-16   地图缩放操作的数据动态加载

a—放大前；b—放大后

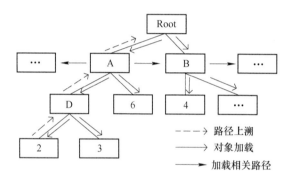

图 4-17   对象加载路径搜索

（4）地图漫游操作的内存数据管理。地图漫游操作是在当前可视比例尺的条件下的地图屏幕窗口内地图空间位置发生变化的一种空间运动，地图屏幕窗口相当于人的眼睛，它的位置变化就相当于人的眼睛视点的变化。地图屏幕窗口的移动可能存在两种情况：

1）W1 在 W2 范围内移动；

2）W1 移动超出 W2 的范围。

两种情况可以采用相同的处理策略：先判断当前窗口范围内的 $i+1$ 层空间对象是否都已经加载，如果已经加载，则不做任何处理；如果存在对象没有被加载，则采用（3）的处理策略更新内存数据。

4.6   本章小结

本章在分析 OpenGIS 简单要素数据库存储基础上，提出了特征语义对象的数据库存储模型，它由基本表和特征语义对象表两大部分构成；对 OpenGIS 的几何存储格式 WKBGeometry 做了相应的扩展，使之适应特征语义对象的几何存储，并实现了特征语义对象的空间数据存储与访问接口；提出了特征语义对象的批量存储策略，从而提高了空间数据存储效率；构建了基于格网索引的特征语义空间层次索引，设计了空间索引的数据库存储结构，从实验效果来看，本研究提出空间索引组织模式具有非常高的查询效率；提出了自上而下空间数据访问策略，以及基于路径相关的特征语义空间动态访问策略。

5　面向特征语义对象的空间
查询语言 FSO-SQL

任何一种查询语言都是基于内容的查询语言，如 SQL（Structured Query Language）是面向关系数据库模型开发的一种查询语言，针对的查询内容是二维关系表。同样，针对基于特征语义对象的空间数据组织的树型结构特征，及参照树型数据结构搜索算法的基础上，本章开发了面向特征语义对象的空间查询语言 FSO-SQL（Spatial Query Language for Feature Semantic Object），它支持属性查询、空间查询、语义查询及混合查询。

5.1　传统 GIS 空间查询

5.1.1　传统 GIS 的空间数据组织特征

当前 GIS 的空间数据组织大致可分为矢量模型和栅格模型两种类型。矢量模型适用于描述在地理空间中具有明确边界的对象，例如行政区划、公路、湖泊等，而栅格模型适用于描述空间分布情况，如温度、海拔等。在矢量模型中，分层分类理论是人们认知现实世界的基本理论之一。层是传统 GIS 中重要的基本概念，"分层"是目前 GIS 数据组织的最基本、最重要的方法之一[146]。空间数据矢量模型是基于分类的分层，将地理空间对象按地理要素分类和空间抽象划分成多个地理图层，如图 5-1 所示的居民地面要素类层、河流线要素类层、供水管线要素类层等，在数据组织结构上，同一层中的要素都具有相同属性结构和空间几何类型，存储在数据库同一张二维关系表中，或几何数据分开存储，用一个几何字段 ID 关联，层与层之间要素联系松散。

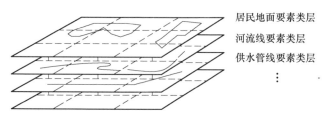

居民地面要素类层

河流线要素类层

供水管线要素类层

⋮

图 5-1　传统 GIS 的分层模式的空间数据组织

5.1.2　传统 GIS 空间查询模式

空间查询是 GIS 软件最重要的一项功能，通过一定的空间条件或属性条件来获取指定的源空间信息集中的子集，空间查询的动作判断包括包含、落入、穿越等，例如，南京市位于哪个省，一条河流流经哪些城市等。任何形式的空间查询模式都是面向一定的空间数据组织形式的，是专门定制的。传统 GIS 空间查询模式是建立在当前分层模式的数据组织基础上的，是对普通 SQL 查询模式扩展了空间数据类型和空间函数支持的一种继承，所面向的查询对象是要素类层，目前主要 GIS 软件的空间查询都是基于图层的。它是一种面向单一要素类型的横向空间查询，如果要实现纵深空间查询和复杂地理对象的空间查询，需要大量复杂空间运算。这种查询模式已经不能胜任本书提出的空间数据模型，因为空间的组织形式不再是以图层为单位，它完全按照地理现象的空间分布及组成关系将地理空间建模成由一系列简单和复杂的地理对象构成的有机体，将分层模式中组成复杂地理对象的分布在多个要素类层上的地理对象有机组合在一起，因而，需要发展一种新的空间查询模式来与之相适应。

5.2　特征语义空间的树型结构特征及其构建

5.2.1　树型数据结构的概念

树是 n（$n>0$）个有限数据元素的集合 T。任一非空树（$n>0$）满足两个条件：

（1）有且仅有一个称为根（root）的结点，根结点没有前驱结点。

（2）当 $n>1$ 时，除根结点以外的其余数据元素被分成 m（$m>0$）个互不相交的集合 T1，T2，…，Tm，其中每一个集合 Ti（$1\leqslant i\leqslant m$）本身又是一棵树，树 T1，T2，…，Tm 称为这个根结点的子树，如图 5-2 所示。当树中的每个结点最多只有两棵子树时，称为二叉树；多于两棵子树时称为多叉树。

从树的定义和图 5-2 可以看出，树具有两个特点：

（1）树的根结点没有前驱结点，除根结点之外的所有结点有且只有一个前驱结点。

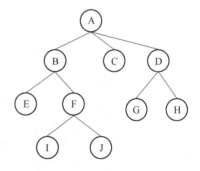

图 5-2　一棵多叉树结构

（2）树中所有结点可以有零个或多个后继结点。树的定义是一个递归的过程，即一棵树是由若干子树构成的，而子树又可以由若干棵更小的子树构成。图

5-2 是由结点的有限集 T = {A，B，C，D，E，F，G，H，I} 构成的，其中 A 是根结点，T 中结点可分为互不相交的子集：T1 = {B，E，F，I，J}，T2 = {D，G，H}；T1 和 T2 是根 A 的两棵子树，且本身又都是一棵树。树中某个结点的子树称为该结点的孩子（child），相应地，该结点称为孩子的双亲（parents）。同一个双亲的孩子互称为兄弟（sibling），没有孩子的结点称为叶结点。图 5-2 中 F 是 B 的孩子，而 B 是 F 的双亲，E、F 互为兄弟，A 称为根结点，C、E、I、J、G、H 称为叶结点。

树型结构的逻辑特征可用树中结点之间的父子关系来描述，如下所述：

（1）树中任一结点都可以有零个或多个直接后继（即孩子）结点，但至多只能有一个直接前趋（即双亲）结点。

（2）树中只有根结点无前趋，它是开始结点；叶结点无后继，它们是终端结点。

（3）祖先与子孙的关系是对父子关系的延拓，它定义了树中结点之间的纵向次序。

（4）有序树中，同一组兄弟结点从左到右有长幼之分。

树型数据结构是一类重要的非线性数据结构，在客观世界中广泛存在，它描述了客观世界中事物之间的层次关系，如人类社会的族谱和各种社会组织机构都可以用树来形象地表示[147]，而地理空间现象的构成也具有这种天然的特征，例如行政区划、流域空间分布等在空间上都具有层次性。在传统按要素类分层的 GIS 中空间数据的组织是一种无序状态，而在特征语义空间的地理数据组织是有序的，它是基于地理空间现象一种自然分布状态的划分，按照特征语义单元构建的一种层次关系鲜明的有向多叉树型数据结构。目前，树型结构数据组织在地理信息系统中的应用主要体现在空间索引组织，常见的有二叉树（BSP tree）、四叉树（Quadtree）、八叉树（Octree）、R-树（R-tree）等。

5.2.2　特征语义对象的结构定义

在第 3 章中我们给出了元特征语义对象、组合特征语义对象和聚合特征语义对象三种类型的特征语义对象的 UML 图描述，每类特征语义对象至少由基本属性、特征属性对象、几何对象、方法集对象、非空间语义关系对象和空间语义关系对象六部分构成，另外，组合特征语义对象内部由元特征语义对象构成，同时还可以嵌套特征语义对象内部更低级组合特征语义对象，如一栋大楼就是一个组合对象，它由一些附属物和多个楼层组成，它的每个楼层又可以是一个组合对象；聚合特征语义对象内部由元特征语义对象和组合特征语义对象构成，同时还可以嵌套下级聚合特征语义对象。

下面利用 C#语言给出三种特征语义对象的程序定义，每个类型都定义成一个类。

(1) 元特征语义对象定义。

```
public class FeatureSemanticObject
{
    private string FeatureSemanticCode; //存储特征类型概念编码
    private string FeatureSemanticName; //存储特征类型概念标准名称
    private int SemanticObjectID; //存储特征语义对象唯一标识ID
    private string SemanticObjectName; //存储特征语义对象标准名称
    private AttributeObject pAttributeObject; //存储特征语义对象的普通属性
    //存储非空间语义关系
    private UnSpatialSemanticRelObject pUnSpatialSemanticRelObject;
    //存储特征语义对象的空间语义关系
    private SpatialSemanticRelObject pSpatialSemanticRelObject;
    private Geometry pGeometry; //存储特征语义对象的几何对象
    //返回特征语义对象类型
    public int getSemanticObjectType () { return 1;}
    //其他方法定义
    ......
}
```

(2) 组合特征语义对象定义。

```
public class CompositeFeatureSemanticObject
{
    private string FeatureSemanticCode; //存储特征类型概念编码
    private string FeatureSemanticName; //存储特征类型概念标准名称
    private int SemanticObjectID; //存储特征语义对象唯一标识ID
    private string SemanticObjectName; //存储特征语义对象标准名称
    private AttributeObject pAttributeObject; //存储特征语义对象的普通属性
    //存储非空间语义关系
    private UnSpatialSemanticRelObject pUnSpatialSemanticRelObject;
    //存储特征语义对象的空间语义关系
    private SpatialSemanticRelObject pSpatialSemanticRelObject;
    private Geometry pGeometry; //存储特征语义对象的几何对象
    //存储组成特征语义对象的元特征语义对象集合
    private List<FeatureSemanticObject> pFeatureSemanticObjects;
    //递归定义存储组成特征语义对象的组合特征语义对象集合
    private List<CompositeFeatureSemanticObject> pCompositeFeatureSe-
    manticObjects;
    //返回特征语义对象类型
```

```
    public int getSemanticObjectType () { return2;}
    //其他方法定义
    ......
}
```

（3）聚合特征语义对象定义。

```
public class AggregateFeatureSemanticObject
{
    private string FeatureSemanticCode; //存储特征类型概念编码
    private string FeatureSemanticName; //存储特征类型概念标准名称
    private int SemanticObjectID; //存储特征语义对象唯一标识 ID
    private string SemanticObjectName; //存储特征语义对象标准名称
    private AttributeObject pAttributeObject; //存储特征语义对象的普通属性
    public int SpaceLevel = 0; //存储特征语义空间层次
    //存储非空间语义关系
    private UnSpatialSemanticRelObject pUnSpatialSemanticRelObject;
    //存储特征语义对象的空间语义关系
    private SpatialSemanticRelObject pSpatialSemanticRelObject;
    private Geometry pGeometry; //存储特征语义对象的几何对象
    //存储组成特征语义对象的元特征语义对象集合
    private List<FeatureSemanticObject> pFeatureSemanticObjects;
    //存储组成特征语义对象的组合特征语义对象集合
    private List<CompositeFeatureSemanticObject> pCompositeFeatureSe-
manticObjects;
    //递归定义存储组成特征语义对象的聚合特征语义对象集合
    private List<AggregateFeatureSemanticObject> pAggregateFeatureSe-
manticObjects;
    public bool IsTop = false; //是否是顶层聚合特征语义对象，是则为 true，否则
为 false
    //返回特征语义对象类型
    public int getSemanticObjectType () { return3;}
    //其他方法定义
    ......
}
```

5.2.3　特征语义空间的树型数据结构创建

从上述特征语义对象的定义和地理空间现象的组成来看，特征语义空间的根结点只能是聚合特征语义对象类型，同时它也可担任孩子结点角色；另外从树型结构定义来看，组合特征语义对象可以看成是孩子结点，但从地理空间现象的组

成来看，它和元特征语义对象都充当叶子结点角色。特征语义空间的结点关系可以用表 5-1 说明，它是特征语义空间建模结点间关系遵守的依据。

表 5-1 特征语义对象的结点角色及关系

结点对象类型	担任结点角色	父结点类型	孩子结点类型	叶子结点类型
聚合特征语义对象	根结点 孩子结点	聚合特征语义对象	聚合特征语义对象 组合特征语义对象	元特征语义对象
组合特征语义对象	孩子结点	聚合特征语义对象 组合特征语义对象	组合特征语义对象	元特征语义对象
元特征语义对象	叶子结点	聚合特征语义对象 组合特征语义对象	无	无

特征语义空间建模基本过程如下：

（1）首先定义一个存储特征语义对象的对象集合 T，如下所示：

```
List<object> pObjectList = new List<object> ();
```

（2）创建特征语义对象，并通过非空间语义关系对象 pUnSpatialSemanticRelObject 的 IsPartOf 属性指定父结点，存储该对象到特征语义对象集合 pObjectList。

（3）遍历特征语义对象集合 pObjectList，从上到下构建特征语义空间多叉树：

1）首先找到特征语义空间多叉树的根结点——顶层聚合特征语义对象。

2）然后找到它的孩子结点和叶子结点，分别存到对应特征语义对象链表，并从 pObjectList 删除已经加载的对象。

3）再遍历孩子结点，从 pObjectList 中提取孩子结点和叶节点，分别存到对应特征语义对象链表，并从 pObjectList 删除已经加载的对象。

4）递归运行 3），直至所有特征语义对象被加载到特征语义空间多叉树。

下面给出了（3）创建特征语义空间多叉树程序伪代码执行过程，这里子结点指孩子结点和叶子结点。

```
publicAggregateFeatureSemanticObject CreateSemanticSpaceTree ( List
<object>pObjectList)
{
  AggregateFeatureSemanticObject pAgg；//定义顶层集合特征语义对象
  for (i=0; i< pObjectList.count; i++) {
    if (pObjectList [i] 是根结点)
      {pAgg = (AggregateFeatureSemanticObject) pObjectList [i]; pOb-
```

```
         jectList.RemoveAt (i); }
      }
   LoadObject (pAgg, pObjectList);
   return pAgg; //pAgg 即为特征语义空间多叉树
}
   Public  LoadObject ( AggregateFeatureSemanticObject  pAgg,  List
   <object> pObjectList)
   {
   for (i=0; i< pObjectList.count; i++)
     {
        if (pObjectList [i] 是 pAgg 子结点，且类型为" 1" )
        {将 pObjectList [i] 加载到叶子结点链表, 清除 pObjectList [i];}
        if (pObjectList [i] 是 pAgg 子结点，且类型为" 2" )
        {将 pObjectList [i] 加载到组合特征语义对象孩子结点链表, 清除 pOb-
        jectList [i];}
        if (pObjectList [i] 是 pAgg 子结点，且类型为" 3" )
        {将 pObjectList [i] 加载到聚合特征语义对象孩子结点链表, 清除 pOb-
        jectList [i];}
      }
   //对此语句递归执行加载组合特征语义对象子结点
      {遍历组合特征语义对象孩子结点链表, 加载子结点, 清除已加载对象;}
   //对 LoadObject 递归执行加载特征语义对象
   for (i=0; i<pAgg.pAggregateFeatureSemanticObjects.Count; i++)
      {LoadObject ( pAgg.pAggregateFeatureSemanticObjects [i], pOb-
      jectList);}
   }
```

5.3　空间查询语言 FSO-SQL

5.3.1　FSO-SQL 特征

空间查询语言内部执行对用户来说一般都是暗盒，一般用户无需知道它是怎样执行的，而只关注它具有哪些功能、语法书写规范以及交互能力等。那么空间查询语言应该具有什么样的特征呢？Egenhofer 根据一般数据库查询语言的特点以及空间数据的特征，归纳总结了空间查询语言应满足 11 项具体的要求[148]。本书结合现有的空间查询语言的基本要求，基于第 3 章提出的空间数据模型的特点，提出了面向特征语义对象的空间查询语言 FSO-SQL 应具备下特征：

（1）查询语句编写简易，有较好的执行效率，具有语法错误检测机制。

（2）支持空间数据模型定义的特征语义对象类型、所有几何类型以及普通数据类型。

（3）支持基于普通属性条件的查询、空间条件查询以及属性与空间混合条件查询。

（4）支持空间算子和非空间函数，如统计功能、求和等。

（5）支持特征语义对象的动态插入、删除和更新等操作。

（6）支持基于特征概念分类的查询。

（7）支持空间数据索引功能，提高空间查询效率。

（8）支持非空间语义关系查询。

（9）支持空间语义关系查询，包括拓扑语义关系、方向语义关系和距离语义关系。

（10）提供可视化的查询界面，支持查询结果的可视化。

5.3.2　树型数据结构的遍历

在实际应用中，常常需要对树的所有结点进行访问，这种访问树的所有结点的过程称为树的遍历。它将按照某种顺序访问树中的每个结点，使每个结点被访问一次且仅被访问一次。其中的"访问"指对树中的结点进行各种处理和操作。树的遍历分为深度优先遍历和广度优先遍历。

5.3.2.1　深度优先遍历

深度优先遍历按照遍历结点顺序的不同可分为：先根次序遍历、中根次序遍历、后根次序遍历3种，但对于多叉树而言，只有先根次序遍历和后根次序遍历2种才有实际意义。通过一次完整的遍历，可使树中的结点信息由非线性排列变为某种意义上的线性序列。不同的遍历算法会得到不同的结点排列顺序。

（1）先根次序遍历。本书对没有指定节点类型的查询采用先根次序遍历算法，即从根结点出发，先访问父结点及其叶子结点，然后访问其子树，本研究在访问叶子结点时，同时访问元特征语义对象和组合特征语义对象。如图 5-2 所示使用先根次序遍历算法的访问顺序为：ABFIJCDGH。

（2）后根次序遍历。后根次序遍历指从根结点开始，对于每一个结点，先递归遍历其子树，然后再遍历其父结点。采用后根次序遍历得到的访问结点序列称为后序遍历序列，该序列的特点是：其最后一个元素值为树根结点的值，如图 5-2 所示采用此遍历算法的访问顺序为：EIJFBCGHDA。

5.3.2.2　广度优先遍历

广度优先次序遍历算法基本思路：首先依次访问层数为 0 的结点，然后依次访问层数为 1 的结点，直到访问完最底层的所有结点，如图 5-2 所示按广度优先次序遍历算法所得结点访问顺序为：ABCDEFGHIJ。当指定访问结点类型为聚合特征语义对象时，本书使用广度优先遍历算法可得到较好的效果。

5.3.2.3　特征语义对象的搜索实例

上述算法可以直接移植到特征语义空间中地理对象的搜索，例如查找名为"希尔顿大酒店"的酒店，可以使用深度优先遍历的先根次序遍历算法，具体算法实现如下所示：

```
//pAgg 为当前地理特征语义空间，调用查找函数 Find
object pobject = Find (pAgg,"希尔顿大酒店")
public object Find (AggregateFeatureSemanticObject pAgg, sting pob-
jectname)
{
  if (pAgg.SemanticObjectName == pobjectname) {return (object) pAgg}
  for (i=0; pAgg.pFeatureSemanticObjects.count; i++)
  //遍历元特征语义对象
  {if (pAgg.pFeatureSemanticObjects [i] .SemanticObjectName == pob-
  jectname)
    { return (object) pAgg.pFeatureSemanticObjects [i] }
  }
for (i=0; pAgg.pCompositeFeatureSemanticObjects.count; i++)
//遍历组合特征语义对象
{if (pAgg. pCompositeFeatureSemanticObjects [i] .SemanticObjectName
 == pobjectname)
  { return (object) pAgg.pCompositeFeatureSemanticObjects [i] }
} //递归查找
for (i=0; pAgg.pAggregateFeatureSemanticObjects.count; i++)
{ find (pAgg.pAggregateFeatureSemanticObjects [i] ) }
}
```

5.3.3　FSO-SQL 所支持的运算符

FSQ-SQL 的运算符分为非空间运算符和空间运算符。

5.3.3.1　非空间运算符

非空间运算符也称非空间谓词，一般处理属性条件查询，它包括：算术运算符 {+, -, ×, /,%}；属性关系运算符 {=, ≤, ≥, >, <}；逻辑运算符

{and，or，not}，其中"and"谓词取左右条件的交集，"or"谓词取左右条件的并集，"not"谓词取逻辑的反；模糊运算符 {like}；非空间语义关系运算符 {IsA，AKindOf，IsPartOf}。

5.3.3.2 空间运算符

空间运算符也称空间谓词，一般处理空间条件的查询，它包括空间分析操作运算符、空间拓扑关系运算符、空间方向关系运算符和空间距离关系运算符，如表 5-2 所示。

表 5-2 FSO-SQL 所支持的空间运算符

空间运算符类型	运算符名称	返回值类型	描 述
空间分析运算符	Distance	Double	返回两个几何对象之间的最短距离
	Buffer	Geometry	返回到给定几何对象的距离小于或等于指定值的几何对象的点的集合
	ConvexHull	Geometry	返回几何对象的最小闭包
	Intersection	Geometry	返回由两个几何对象的交集构成的几何对象
	Union	Geometry	返回由两个几何对象的并集构成的几何对象
	Difference	Geometry	返回基本几何对象与目标几何对象不相交部分
	SymDifference	Geometry	返回两个几何对象与对方互不相交的部分
空间拓扑关系运算符	Equal	bool	如果两个几何对象的内部和边界在空间上相等，则返回 true
	Disjoint	bool	如果两个几何对象的内部和边界在空间上都不相交，则返回 true
	Intersect	bool	如果两个几何对象在空间上相交，则返回 true
	Touch	bool	如果两个几何对象边界相交但内部不相交，则返回 true
	Cross	bool	如果一条线和面的内部相交，则返回 true
	Within	bool	如果基本几何对象空间上位于目标几何对象内部，则返回 true
	Contain	bool	如果基本几何对象包含目标几何对象，则返回 true
	⋮	⋮	⋮

空间运算符类型	运算符名称	返回值类型	描　　述
空间方位关系运算符	East	bool	如果 A 对象位于 B 对象东边，则返回 true
	SouthEast	bool	如果 A 对象位于 B 对象东南边，则返回 true
	South	bool	如果 A 对象位于 B 对象南边，则返回 true
	SouthWest	bool	如果 A 对象位于 B 对象西南边，则返回 true
	West	bool	如果 A 对象位于 B 对象西边，则返回 true
	NorthWest	bool	如果 A 对象位于 B 对象西北边，则返回 true
	North	bool	如果 A 对象位于 B 对象北边，则返回 true
	NorthEast	bool	如果 A 对象位于 B 对象东北边，则返回 true
	InterEast	bool	如果 A 对象位于 B 对象内部东边，则返回 true
	InterSouthEast	bool	如果 A 对象位于 B 对象内部东南边，则返回 true
	InterSouth	bool	如果 A 对象位于 B 对象内部南边，则返回 true
	InterSouthWest	bool	如果 A 对象位于 B 对象内部西南边，则返回 true
	InterWest	bool	如果 A 对象位于 B 对象内部西边，则返回 true
	InterNorthWest	bool	如果 A 对象位于 B 对象内部西北边，则返回 true
	InterNorth	bool	如果 A 对象位于 B 对象内部北边，则返回 true
	InterNorthEast	bool	如果 A 对象位于 B 对象内部东北边，则返回 true
空间距离关系运算符	Nearest	bool	如果查找对象与目标对象距离最近，则返回 true，如查找离学校最近的超市
	DistanceWithin	bool	如果查找对象与目标对象在给定的距离内，则返回 true
	Neighborhood	bool	如果查找对象在目标对象附近，则返回 true

5.3.4　FSO-SQL 的语法结构

5.3.4.1　词法规则

词法规则就像英语中的拼写规则，决定查询语句中独立词汇片段的组织形式，如变量命名规则及数字和字符书写规则等，查询解析第一步就是利用词法规则进行词法分析，词法分析将一个文件转换成一个标记（token）的序列，并作为语法分析器的输入。一条词法规则表示一个正规表达式（又叫正则式），而一个正规式又可化为一个 DFA（确定有穷自动机），这个有限自动机可用来识别词法规则所定义的所有单词符号[149]。词法规则定义实例如下所示：

（1）标识符（identifier）规则。标识符由英文字母、数字、下划线组成，大小写敏感，数字不能在一个标识符的开始处。

```
<identifier> :: = <letter> | <identifier><letter> | <identifier> <
digit>
```

```
<letter> :: =a | b | ··· | z | A | B | ··· | Z | _
```

```
<digit> :: =0 | 1 | ··· | 9 |
```

（2）数字（number）规则：

```
<number> :: =<digit> | <number><digit>
```

（3）分隔符（delimiter）规则：

```
<delimiter> :: = ( | ) | [ | ] | { | } | , | : | .
```

（4）运算符（operator）：

```
<operator>:: = + | - | * | / | % | < | > | <= | >= | = | <>
```

5.3.4.2 语法规则

目前，通用的语法规则是巴科斯范式（BNF：Backus-Naur Form 的缩写）生成规则，它用于指定编程语言或命令集的语法，由 John Backus 和 Peter Naur 首次引入一种形式化符号来描述给定语言的语法，最早用于描述 ALGOL60 编程语言。

BNF 的元符号如下所示：

（1）:: =表示"定义为"；

（2）| 表示"或者"；

（3）< >尖括号用于括起类别名字。

一条 BNF 的生成规则形如下：

<symbol> :: = <expressions with symbol>

BNF 规则几点说明：

（1）每个规则中只包含一个":: ="符号，它将规则分为左右两部分。左边<symbol>表示一个非终结符号（代表某个语法成分，通常对应有确定含义），也就是说它可以被":: ="右边的部分所替换。非终结符号必须用"<"和">"括起来表示它是一个非终结符号。右边是由非终结符或"|"与终结符组成的一个符号串，或由"|"隔开的几个这样的符号串。这里终结符指程序设计语言字符集的基本字符。

（2）<expressions with symbol>由一串非终结符和以其字面意义出现在规则中终结符所组成。竖线"|"可以用在两个符号（包括终结符和非终结符）中间，表示使用"|"左边或右边的符号均可。

（3）":: ="被定义的非终结符<symbol>可以出现在":: ="右边的<expressions with symbol>中，表示递归定义。

用 BNF 描述语法常需引进辅助的非终结符，产生式较多。为描述方便，人们提出了一些扩充形式，称为 EBNF（没有标准），描述能力不变。EBNF 增加了以下元符号：

(1)［…］表示其中的内容可选（0 次或者一次出现）；

(2)｛…｝*表示其中内容可以出现 0 次或者多次；

(3)｛…｝+表示其中内容可以出现 1 次或者多次；

(4)用圆括号"（"和"）"表示分组范围。

5.3.4.3　基于 BNF 范式的 FSO-SQL 的语法结构设计

为了使得设计的查询语言具有通用性、编写简易等特征，FSO-SQL 空间查询语言沿用了目前主流查询语言 SQL 的结构，因为人们已经习惯了 SQL 的语法结构，只要熟悉 SQL 语法的人都能使用，查询语句的语法规则是基于 BNF 范式的，并拥有一套空间分析算子和空间关系判断算子。FSO-SQL 与传统 GIS 的 SQL 的区别在于，前者是面向特征语义对象，查询操作的粒度级别可以是单个地理对象，如对一个学校的内部对象的查询，而学校本身就是一个聚合对象；后者是面向图层的，查询操作的最小粒度为单个图层，查询时必须事先指定图层，查询的灵活性不如前者，FSO-SQL 查询可以无需指定查询的特征类型，可以执行一种泛查询，如查找"南京汽车东站"，那么在查询执行时直接用特征语义对象的标准名称进行匹配。

FSO-SQL 查询语言的主体结构由关键词"SELECT"、　"FROM"和"WHERE"构成，结构形式如下所示：

SELECT Obj FROM CurrentSpace WHERE……

其中，Obj 是要返回的特征语义对象；CurrentSpace 指当前查询所对应的地理空间，它是一个固定词，用户不能改变，类似传统空间查询中的指定图层，From 后也可以是用户指定聚合特征语义对象。

在讨论 FSO-SQL 的语法之前，这里先看一个空间查询实例。

［例 5-1］　某项目基于本书提出空间数据模型构建了 1∶10 万的江西省基础地理数据，采用 GB/T 13923—2006 作为特征分类体系标准，数据特征类型包括省级行政区、地级行政区、县级行政区、乡级行政区、各级行政区驻地及村委会驻地、铁路、国道、省道、县道、河流、湖泊、水库等，省、地、县、乡四级行政区都为聚合特征语义对象类型，每级聚合特征语义对象可能包含的特征类型如图 5-3 所示。现在需要查找赣江流经的县，且县城位于赣江南岸 1km 范围内以及人口超过 35 万。

查询语句：

select obj1 from currentspace where obj1.FeatureType = "县级行政区"

and obj1.population>3500000

and obj1.Crossedby（select obj2 from currentspace where obj2.Object-Name="赣江"）

and Count（select obj3 from obj1 where obj3.FeatureType="县级驻行政地"

and obj3.South（obj2）and Distance（obj3,obj2）<1000）>0

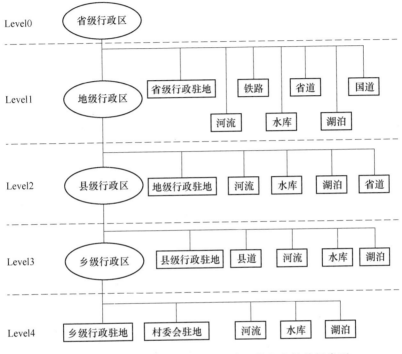

图 5-3　不同层次聚合特征语义对象可能包含的特征类型

以上查询语句执行过程：

（1）找到特征类型为"县级行政区"的特征语义对象。

（2）找到人口大于 35 万的县。

（3）将满足（2）的县与"赣江"作"Cross"运算。

（4）如果（3）满足，在判断该县的县级驻地即县城的位置是否在"赣江"南岸以及距离"赣江"是否在 1km 内，若满足，则"Count"函数结果大于 0。

（5）最后返回满足所有条件的县。

为了能够使例 5-1 的查询语句能够正确执行，需要设计一套语法结构，使得查询引擎能够识别查询语句中的结构谓词、逻辑谓词、空间关系谓词、连接谓词、变量、常量以及条件执行秩序等。本书在研究传统"SELECT…FROM…WHERE…"查询结构的基础上，利用 GLOD Parser[150] 构建了 FSO-SQL 的词法规则和语法规则。语法文件主体结构如下所示：

```
" Name"       = FSO-SQL Grammar
" Author"     = FSO
" Version"    = 1.0
" About"      = 'FSO-SQL Calitha C#GPEngine'
" Start Symbol" = <SelectExpression>
" Auto Whitespace" = True
!!!!!! Characters Sets Definition !!!!!!!! -------- Sets
{String Ch} = {ANSI Printable} + {&4E00 ..&9FA5} + {&F900 .. &FA2D} - [ " ]
! ------------------------------------------------ Terminals
ID= {&5F} * {Letter} {AlphaNumeric} * {&5F} * {AlphaNumeric} * {&5F} *
Integer = {Digit} +
Float = {Digit} *'.' {Digit} +
StringLiteral = "" {String Ch} *""
! ------------------------------------------------ Rules
<SelectExpression> :: = <Select> <Identifier> <From> <GeoMap> <Where>
<Conditions>
<GeoMap> :: = 'currentspace' | <Identifier>
<Select> :: = 'select'
<From> :: = 'from'
<Where> :: = 'where'
<Conditions> :: = <AtrributeCondition> | <SpationCondition>
               | <Conditions> <Join_ op> <AtrributeCondition>
               | <Conditions> <Join_ op> <SpationCondition>
               | <Conditions> <Join_ op>' ('<Conditions>') '
<Join_ op> :: = <and> | <or>
<and> :: = 'and'
<or> :: = 'or'
<AtrributeCondition> :: = <Identifier>'.'<Identifier> <Atrribute_ Log-
ical_ op> <Value>
          | <Identifier>'.'<UnSpatialRel>' ('<Value>') '
          | <Identifier>'.'<UnSpatialRel>' ('<SelectEexpression>') '
          | <AttributeFunction>' ('<SelectEexpression>') '<Atrribute_
          Logical_ op> <Value>
<SpationCondition> :: = <Identifier>'.'<Spatial_ RELATION_ op>' ('<Se-
lectExpression>') '
               | <Identifier>'.'<Spatial_ RELATION_ op>' ('<I-
               dentifier>') '
          | <SpatialFunction>' ('<Identifier>', <Identifier>') '<Atrribute_
```

```
Logical_ op> <Value>
    <Identifier> :: = ID
    <UnSpatialRel> :: ='IsPartOf'|'IsA'
    <Atrribute_ Logical_ op> :: = '<'|'>'|'<='|'>='|'='|'<>'|'like'|'not'
    <Spatial_ RELATION_ OP> :: = <TOP_ RELATION_ OP>
                        |<Direct_ RELATION_ OP>|<Dist_ RELATION_ OP>
    <TOP_ RELATION_ op>:: = 'Equal'|'Disjoint'|'Intersect'|'Touch'|'Cross'
                        |'Crossedby'|'Within'|'Contain'
    <Direct_ RELATION_ OP> :: = 'East'|'SouthEast'|'South'|'SouthWest'|'West
'|'NorthWest'|'North'
                        |'NorthEast'|'InterEast'|'InterSouthEast'|
                         'InterSouth'|'InterSouthWest'
                        |'InterWest'|'InterNorthWest'|'InterNorth'|'
                         InterNorthEast'
    <Dist_ RELATION_ OP> :: = 'Nearest'|'DistanceWithin'|'Neighborhood'
    <AttributeFunction> :: = 'Count'|'Average'
    <SpatialFunction> :: = 'Distance'|'Buffer'|'ConvexHull'|'Intersection'|
                         'Union'
                            |'Difference'|'SymDifference'
    <Value> :: = Integer | Float | StringLiteral
```

以上文法结构浅显易懂，在查询条件定义时，用到了递归。该文法结构用于查询引擎对查询语句进行解析，生成由一系列 Token 构成的查询语义树，然后执行程序根据语义树中查询条件优先级逐级执行。

5.3.5 FSO-SQL 的查询语句解析器自动创建

查询语言在执行具体查询命令之前，首先对查询语句进行解析，包括书写规范检查、变量提取、操作运算符提取及构建查询语句优先级执行语义树。查询解析过程通常包括词法分析和语法解析两个步骤。词法分析器根据词法规则识别出查询语句中的各个记号（token），每个记号代表一类单词。查询语句中常见的记号有：关键字、标识符、字面量（literal）和特殊符号。词法分析器的输入是查询语句字符序列，输出是识别的记号流。词法分析器的任务是把查询语句中的字符流转换成记号流。本质上它查看连续的字符然后把它们识别为"单词"。语法解析器根据语法规则识别出记号流中的结构（短语、句子），并构造一棵能够正确反映该结构的语法树；然后根据语义规则对语法树中的语法单元进行静态语义检查，如果类型检查和转换等，其目的在于保证语法正确的结构在语义上也是合法的。用户编写的查询语句中往往会有一些错误，可分为静态错误和动态错误两类。所谓动态错误，是指查询语句中的逻辑错误，它们发生在程序运行的时候，也被称作动态语义错误，如变量取值为零时作为除数，数组元素引用时下标出界等。静态错误又可分为语法错误和静态语义错误。语法错误是指有关语言结构上的错误，如单词拼写错、表达式中缺少操作数、begin 和 end 不匹配等。静态语义错误是指分析源程序时可以发现的语言意义上的错误，如加法的两个操作数中一个是整型变量名，而另一个是数组名等[151]。

词法与语法分析器的开发是一项非常繁重的工作，值得欣慰的是目前已经拥有了很多现成分析器生成工具，且都可以从网络上免费下载，无需自己完全从头做起，而我们所要做的工作就是设计结构良好的词法规则和语法规则，主要的词法与语法分析器有 Gold Parser、Lex/Yacc、Flex/Bison、CoCo/R、ANTLR、Grammatica、JavaCC 等。由于 Gold Parser 的突出表现，本研究选择其作为 FSO-SQL 查询语句解析器。

5.3.5.1　Gold Parser

Gold Parser 是 2002 年由 Devin Cook 为了他在位于萨克拉曼多的加利福尼亚州立大学计算机科学专业的硕士学位报告而开发的，目前，他仍然通过他的网站和 Yahoo 来支持一个活跃的团体。Gold Parser 具有以下特征：

（1）是一款非常优秀的免费的支持多计算机语言的语法解析器，支持的语言包括 ANSI C、Assembly-Intel x86、C#、C++、D、Delphi、F#、Java、Pasca、Python、Visual Basic、Visual Basic. NET、All. NET languages、All ActiveX languages。

（2）具有一个使用非常方便的可视化语法编辑、编译界面，有具体编辑错误提示，具有较强的人机交互能力，如图 5-4 所示。

（3）将语法创建器 Builder 和语法解析引擎 Engine 分开，能够自动生成不同语言的解析引擎。目前，Builder 的最新版本是 4. 1. 1（截止时间 2010-8-14）。

（4）使用 DFA（有穷自动机）解析词法，生成标记 Token。

（5）使用 LALR（lookahead LR）解析语法。目前有两种语法解析 LL 和 LR，LL 是自上而底的解析，LR 是自底而上的解析。LALR 解析属于 LR 解析的一种，它是指从左向右扫描及自底向上归约的确定性语法解析方法，解析过程中向前展望 1 个输入符号来确定下一步的分析动作。LALR 解析器由总控程序、解析栈和识别文法活前缀的有限自动机等 3 部分构成。

（6）它默认支持 128 个 ASCII 元字符，但它可以通过扩展来支持其他语言字符，例如 Unicode 汉字编码表共 16544 个，编码范围 {\ u4E00-\ u9FA5} 和 {\ uF900-\ uFA2D}，那么在 Gold Parser 中用形式如 {&4E00 .. &9FA5} 和 {&F900.. &FA2D} 样式来扩展，具体操作见 FSO-SQL 的语法结构文件。

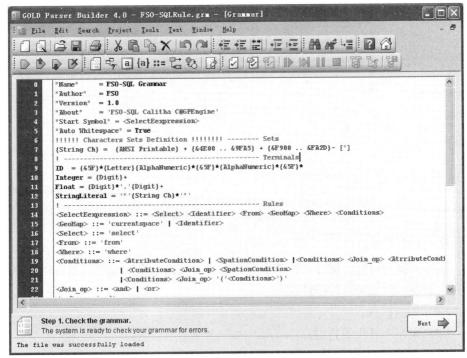

图 5-4 Gold Parser 可视化语法编辑界面

5.3.5.2 基于 Gold Parser 的查询解析器自动生成

Gold Parser 提供了自动生成不同计算机语言的查询解析引擎的模板，使得我们可以从语法解析的工作中解脱出来，而有更多精力关注程序功能的设计。查询解析引擎的自动生成流程如图 5-5 所示，包括以下四个步骤。

A FSO-SQL 查询语言的词法规则和语法规则编写

Gold Parser 已经为我们以设计了一些简单的词法，例如元字符默认形式为 {ANSI Printable} 或 {Printable}，单纯字母默认形式为 {Letter}，单纯阿拉伯数字默认形式为 {Digit} 等，这样就可以很方便地用这些简单形式来构建更加复杂的词法规则，例如标识（Identitifier）的首字母不能是数字，那么它的词法形式就可以设计为：Identitifier = {Letter}{AlphaNumeric}*，其中 {AlphaNumeric} 表示取字母或数字。

语法编写时要在语法文件基本信息部分定义一个起始符，如："Start Symbol" =<SelectExpression>,它是解析器执行的入口点；同时，每个非终结符的定义最终都要有对应的终结符，如：<Select>::='select',Gold Parser 解析器对大小写不敏感，例如<Select>的终结符默认是小写'select'，若查询是输入的是'SELECT'，则最终解析是'select'。

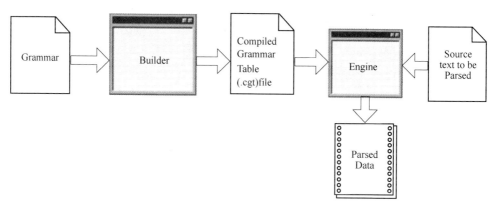

图 5-5　查询解析引擎自动生成流程

B　语法文件编译

语法文件编写好后保存文件扩展名为 grm 类型的十进制文件，可以用记事本编写、修改。语法文件的编译过程：

（1）语法检查；

（2）创建 LALR 解析器；

（3）创建 DFA 扫描器；

（4）存储编译成功的语法结构表为一个文件扩展名为 cgt 的二进制文件。

C　语法结构解析测试

语法结构解析测试的目的是为了对语法结构进一步优化。Gold Parser 提供了一个测试文件编写窗口，可以输入设计好的查询语句，如果测试成功则会构建一棵查询语义树，例如例 5-1 查询语句的测试结果如图 5-6 所示。

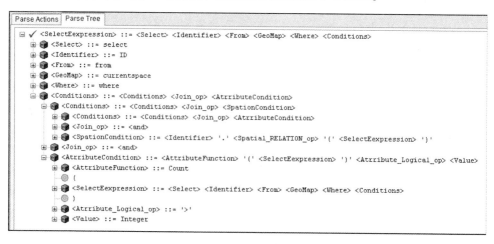

图 5-6　例 5-1 的查询语句解析结果

D 生成查询解析引擎

Gold Parser 的 "Project" 菜单中提供了 "Create a Skeleton Project" 命令选项用于生成不同语言的解析器引擎框架，本书开发生成的是 C#语言的解析引擎。生成的解析引擎框架包括三部分：

（1）主体解析器类，类名默认为 MyParser，如图 5-7 所示；

（2）两个错误异常处理类 SymbolException 和 RuleException；

（3）两个整型枚举类型 SymbolConstants 和 RuleConstants，前者存储符号 ID，后者存储规则 ID，如下所示：

```
enum SymbolConstants : int
{
  .....
SYMBOL_ LT   = 7,   //'<'
SYMBOL_ GT   = 11,  //'>'
SYMBOL_ LTEQ  = 8, //'<='
  .....
}
enum RuleConstants : int
{
  .....
RULE_ ATRRIBUTE_ LOGICAL_ OP_ LT  = 21, //<Atrribute_ Logical_ op> :: = '<'
RULE_ ATRRIBUTE_ LOGICAL_ OP_ GT  = 22, //<Atrribute_ Logical_ op> :: = '>'
RULE_ ATRRIBUTE_ LOGICAL_ OP_ LTEQ = 23, //<Atrribute_ Logical_ op> :: = '<='
  .....
}
```

图 5-7 MyParser 解析器结构

5.3.6   FSO-SQL 查询引擎实现

5.3.6.1   查询解析器工作机理

将上述创建好的查询解析器文件 MyParser. cs 加载到当前工程项目中，并添加动态库 CalithaLib. dll 和 GoldParserEngine. dll 的引用，这两个动态库是 Gold Parser 提供的，封装了具体的解析操作方法，可以从它的网站下载。

这里先介绍下 MyParser 解析器的工作机理：

（1）首先在构造函数中读取查询语法规则结构表文件 FSO-SQLRule. cgt，创建二进制流，如下所示：

```
MyParser parser = new MyParser ( new FileStream ( " ./FSO-SQLRule.cgt ",
FileMode.Open) );
```

（2）语法文件读取之后，由 CGTReader 类从二进制流中读取查询语法规则结构，如下所示：

```
CGTReader reader = new CGTReader (stream);
```

（3）由 CGTReader 类的 CreateNewParser 方法创建一个 LALR 方法的 LALR-Parser 解析器实例 parser，并对该实例的标记存储空间 StoreTokens 初始化，如下所示：

```
parser = reader.CreateNewParser ();
parser.StoreTokens = LALRParser.StoreTokensMode.NoUserObject;
```

（4）由 LALRParser 解析器实例传入原始查询语句文本，该实例根据语法结构表就可以实现对原始查询语句的解析，并生成查询语义树，如下所示：

```
parser.Parse (source);
```

（5）进入 TokenReadEvent 终结符标记读入事件，读取终结符标记，读取标记符号 ID，并判断此标记符号 ID 是否在 SymbolConstants 中，并在对应标记中添加具体实现，返回用户对象；继续读入下一终结符，进行相同操作，如果返回结果为 NULL 对象，则进入（6）。

（6）进入 ReduceEvent 非终结符标记读入事件，读取规则约束，读取规则 ID，并判断此规则 ID 是否在 RuleConstants 中，并给对应规则添加具体实现，返回用户对象；继续读入下一规则，进行相同操作，返回用户对象；返回（5）。

（7）所有规则实现运行完毕，由 AcceptEvent 返回查询语句运行结果。

5.3.6.2   查询谓词功能实现

MyParser 已经给我们提供了一个框架，我们的主要工作就是设计查询谓词的功能，并将每个功能关联到对应标记 Token。在基于树型数据结构搜索算法的基础上，本书在查询类 query 中对 5.3.3 小节所列出的查询运算符给出了具体底层实现函数，不同的运算符和具体实现函数相对应，如表 5-3 所示，并在解析器 MyParser 类的 CreateObject 方法中针对不同的语法规则加入对应运算符的函数实现。

表 5-3 查询运算符与具体实现对应表

运算符	对 应 函 数
>	great（AggregateFeatureSemanticObject pAggFSO，string FCName，string AttributeNmae，string AttributeValue）
<	less（AggregateFeatureSemanticObject pAggFSO，string FCName，string AttributeNmae，string AttributeValue）
=	equal（AggregateFeatureSemanticObject pAggFSO，string FCName，string AttributeNmae，string AttributeValue）
and	and（AggregateFeatureSemanticObject pAggFSO，string FCName，string oper1，string AttributeName1，string AttributeValue1，string oper2，string AttributeName2，string AttributeValue2）
⋮	⋮
空间关系运算符	SpatialQuery（AggregateFeatureSemanticObject pAggFSO，Geometry pBaseGeo，string SpatialRelType）
⋮	⋮

5.3.6.3 FSO-SQL 查询引擎界面

本书基于 C#语言开发了 FSO-SQL 查询语言的查询引擎，其可视化查询界面如图 5-8 所示，它是一个集属性条件查询、空间条件查询、混合条件查询及查询结果显示于一体的图文并茂的空间查询平台。它的设计比较人性化，操作方便、简单，具有以下特点：

（1）通过查询界面左上角下拉框可以非常方便提取不同特征类型的属性对象中的属性名称和属性类型，以及对应不同特征语义对象的属性取值，这对于查询语句的编写非常方便。

（2）提供了属性条件逻辑运算符可视化选择模块。

（3）对于空间条件的查询提供了两种途径：一种是如图 5-8 所示的提供的从屏幕提取空间过滤条件，然后选择具体空间关系；另一种是指定空间过滤条件的征语义对象，如例 5-1 中的空间查询条件"赣江穿越查询对象"。

（4）选中查询结果在图形区域高亮显示。

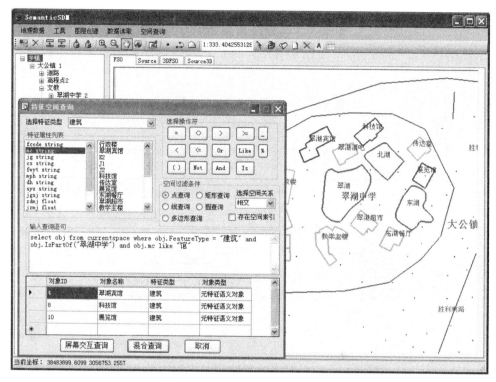

图 5-8　FSO-SQL 可视化查询界面

5.4　特征语义空间查询策略

5.4.1　基于属性条件的查询策略

基于特征语义对象结构特点，本书提出了三种属性条件查询策略，分别是：

（1）基于基本属性查询策略，基本属性是指特征语义对象的特征概念类型编码及其标准名称、特征语义对象唯一标识及标准名称。

（2）基于普通属性查询策略。

（3）基于非空间语义关系的查询策略，是一种从属关系查询。以下查询实例均以例 5-1 的数据为查询对象。

5.4.1.1　基于基本属性查询策略

对于基本属性这里给定固定的词汇，用户必须遵守这个规约，但对大小写不敏感，具体说明如下：

（1）FeatureCode 表示特征概念类型编码；

（2）FeatureType 表示特征概念类型标准名称；

（3）ObjectID 表示特征语义对象在特征语义空间中的唯一标识；

（4）ObejectName 表示特征语义对象的标准名称。

【例 5-2】 查找名为陡水湖的水库。查询语句如下：

```
select obj from currentspace where obj.FeatureType ="水库"
                               and obj.ObejectName ="陡水湖"
```

如果对象名称不是很确定可以用 like 模糊查询。

5.4.1.2 基于普通属性查询策略

【例 5-3】 找出人口大于 80 万，且面积不小于 2000 平方公里的县。查询语句如下：

```
select obj from currentspace where obj.FeatureType ="县级行政区"
                               and obj.population > 800000
                               and obj.area > 2000
```

上述查询语句执行时，首先判断属性"population"和"area"是否在属性对象中存在，若存在，则继续执行；若不存在，则给用户反馈错误提示。

5.4.1.3 基于非空间语义关系的查询策略

【例 5-4】 找出南昌市人均 GDP 大于 3000 美元的县。查询语句如下：

```
select obj from currentspace where obj.FeatureType ="县级行政区"
    and obj.IsPartOf (select obj2 from currentspace where obj2.ObejectName =
"南昌市")
    and obj.GDP > 3000
```

或者：

```
select obj from currentspace where obj.FeatureType ="县级行政区"
                               and obj.IsPartOf （"南昌市"）
                               and obj.GDP > 3000
```

上述两种查询模式执行的顺序是一样的，首先找出特征语义对象名称为"南昌市"的聚合特征语义对象，然后从该对象中找出符合条件的县，这样可以大大提高查询效率。

5.4.2 基于空间条件的查询策略

空间条件查询处理比属性条件的查询处理复杂得多，前者要经过大量的空间几何求交运算，处理代价高。通常为了提高空间查询效率，需要建立空间索引，经过多级过滤，如图 5-9 所示。一个空间查询，首先根据空间对象的 MBR，确定查询范围，然后将查询范围与索引进行简单比较，排除大量不在查询范围内的几何对象，得到候选几何对象；通过中间过滤，将符合条件的几何对象直接放入结果集中，对于不能确定的几何对象，通过精炼器，进行几何计算来确定其取舍。这种多级过滤机制，复杂的几何计算只是那些不确定的几何对象才需要，这样可以大大提高查询检索的效率。特征语义空间的索引是基于多级格网的层次空间索引，在进行空间索引过滤时，先与上层空间索引进行比较，如果筛选的结果集中的具有聚合特征语义对象，那么要继续对下层空间索引进行比较。

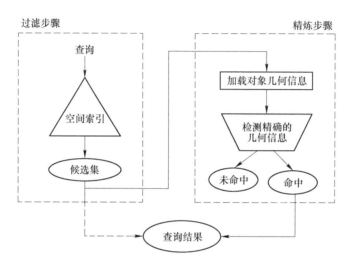

图 5-9　空间查询多步处理[152]

空间查询条件可以有两种来源，一种是通过与屏幕交互提取空间范围，如点查询、线查询、矩形查询、多边形查询、圆查询；另一种是直接在查询语句中指定空间对象作为空间过滤条件。以下就分别对这两种空间条件查询策略及空间语义关系查询策略进行分析。

5.4.2.1　基于屏幕交互的空间条件查询策略

基于屏幕空间条件的查询，首先要选择空间过滤几何形状，如图 5-8 所示的查询界面提供的交互方式，选择几何类型后，通过鼠标和屏幕交互获得并绘制几何对象，并选择空间关系类型。空间查询执行过程首先获得几何对象的 MBR，然后通过层次空间索引查找落入 MBR 的特征语义对象 ID，再通过 ID 从特征语义空间提取特征语义对象，最后将特征语义对象的几何对象与屏幕几何进行精确计算，获得最终结果。

5.4.2.2　基于指定空间条件的查询策略

指定空间条件是在查询语句中给定一个特征语义对象作为空间参考条件。

【例5-5】 找出流入赣江的河流。

分析：流入这个词首先在空间上应该是相关的，一条河流流入另一条河流，实际上的空间关系是流入河流的终点与被流入河流相接触。查询语句如下：

```
select obj from currentspace where obj.FeatureType ="河流"
    and obj.Touch (select obj2 from currentspace where obj.FeatureType ="河流"
                                    and obj2.ObjectName = "赣江" )
```

或者：

```
select obj from currentspace where obj.FeatureType ="河流" and obj.Touch ("赣江")
```

以上查询语句执行时，首先找出特征语义对象名为"赣江"的对象；然后通过赣江 MBR 与空间索引进行过滤，找出与赣江 MBR 空间相关的特征概念类型为"河流"的特征语义对象 ID 列表；再根据 ID 列表查找出对应河流，判断该河流的终点是否与赣江相接触。

【例5-6】 找出位于赣州市东部的县。

分析："位于"这个词的解释是"处在某个位置上"，说明对象之间存在隶属关系，要查询的县隶属于赣州市范围内，属于内部方位关系查询使用谓词 InterEast。查询语句如下：

```
select obj from currentspace where obj.FeatureType = "县级行政区"
                            and obj.InterEast ("赣州市")
```

以上查询语句执行过程是首先找出特征语义对象名为"赣州市"的聚合特征语义对象，然后从该对象中逐一查找出特征概念类型为"县级行政区"的对象，并提取 MBR 与"赣州市"的 MBR 作空间方位关系运算获得最终结果。

5.4.2.3 基于空间语义关系的查询策略

这种查询策略充分利用本研究提出的空间数据模型空间关系描述的能力，可以类似属性条件查询，无需经过复杂的空间运算就能获取查询结果。这种查询的前提条件是空间关系描述比较全面，同时，添加、删除对象，空间关系也要及时更新。

5.4.3 混合条件的查询策略

混合条件是指既有属性条件，又有空间条件的查询，如例 5-1 就是一个混合查询的例子，它是一个内容十分丰富的查询，查询条件包括基本属性条件、普通属性条件、拓扑关系条件、方位关系条件和距离关系条件。混合条件查询执行顺序存在以下几种情况：

（1）不存在空间索引的情况下，一般先执行属性条件查询，然后执行空间条件查询，如例 5-1 所示。当执行空间条件时，先进行 MBR 的比较，然后进行精确的几何计算。

（2）存在空间索引的情况下，先执行空间索引过滤，筛选出可能的对象，然后进行属性查询，最后进行精确的空间计算。例 5-1 如果在存在空间索引的前提下，执行过程就可以先通过索引筛选出可能的县，然后执行属性查询，再判断该县的县城是否在赣江南岸 1km 以内。

5.4.4   基于空间层次限制的查询策略

我们在聚合特征语义对象中定义了一个基本属性 SpaceLevel 用于记录聚合特征语义对象所处的特征空间层次，在执行空间查询时可以给定特征空间层次，从而达到控制空间查询的执行深度，避免遍历整个特征空间，提高查询效率。以例 5-1 的数据实例为例，例如要查找出属于县级行政区及以上行政级别的河流，查询语句如下：

```
select obj from currentspace where SpaceLevel <= 2 and obj.FeatureType =
"河流"
```

上述查询语句执行过程：首先遍历聚合特征语义对象，判断其空间层次是否小于等于 2，如果结果为 true，然后从该层空间中找出特征概念类型为"河流"的特征语义对象，再继续下层空间查找，直到特征空间层次大于 2 为止。

5.5   与传统面向图层的空间查询语言对比分析

本章设计的空间查询语言与传统面向图层的空间查询语言比较具有以下优势：

（1）前者是直接面向地理实体的查询，更加符合人的地理空间认知行为，同时具有高度的灵活性；而后者是面向图层的查询，如果地理实体不在当前查询图层，那么就无法得到该地理实体。

（2）前者通过数据模型提供的非空间语义关系的支持，可以快速查询出某聚合特征语义对象中的所属地理实体；而后者若查询出某个地理实体的所属地理实体，需要执行多个图层的连接查询，比前者付出的查询代价要多得多。

（3）前者能充分利用数据模型支持空间语义关系表达的能力，实现基于空间语义关系的查询策略，能够快速提取地理实体的周边地理实体，改善空间查询性能；而后者由于传统基于分层的空间数据组织与表达模式不支持空间语义关系的显示表达，因而不具备空间语义关系查询策略，要获得地理实体周围情况，解决途径唯有通过复杂空间计算，将比前者付出更多的查询代价。

（4）前者能够通过空间层次限制查询深度，避免搜索整个地理空间，从而达到提高查询效率的效果；而后者执行空间查询时，需对所要查询的图层进行全范围的搜索。

5.6　本章小结

　　本章首先分析了传统空间数据的组织特征和空间查询模式，指出传统的空间查询模式已经不适应本研究提出的空间数据组织方式；用程序语言定义了三种类型特征语义对象结构，并针对特征语义空间数据组织的树型结构特征，提出了特征语义空间创建的一般过程；提出了适合本研究空间数据模型的空间查询语言所具有一般特征；在参照树型数据结构搜索算法的基础上，设计了空间查询语言的语法结构和非空间与空间查询算子，最后基于 Gold Parser 创建了特征语义空间查询解析器，发展了面向特征语义对象的空间查询语言 FSO-SQL，它支持属性查询、空间查询、语义查询及混合查询等多种查询策略。

6 传统空间数据模型到特征语义空间数据模型的转换

❦❦

6.1 空间数据转换实验平台构建

6.1.1 实验平台开发工具

操作系统平台为 WindowsXP SP2 版本。实验平台开发使用的编程语言为 C#，它是一种完全面向对象的、语法简洁的、能够快速部署应用程序的计算机语言。运用 C#语言按照第三章提出的特征语义对象的构造，设计了三种类型特征语义对象类及构成其部件的几何对象类、属性对象类、非空间语义关系对象类以及空间语义关系对象类。特征语义对象的几何图形绘制引擎选用 OpenGL 的 C#语言版本的 CSGL，它封装了 OpenGL1.4.1 版本，提供了两个主要动态连接库：csgl.dll 和 csgl.native.dll，完全能够满足本研究图形显示需求，可以实现二维、三维一体化绘制。特征语义空间的拓扑关系分析组件使用开源组件 NTS（Net Topology Suite），它是著名的 JTS（Java Topology Suite）的 C#.net 版本。JTS 是一个 OpenGIS 标准的 GIS 分析、操作类库。NTS 项目的目的是提供一个基于.net，快速、稳定的 GIS 解决方案，以应用于所有.net 平台，包括各种嵌入式设备（.net Compact）。NTS 目前不支持空间方位关系的分析，本研究对其进行了适当的扩充，使之能够实现方位关系的计算。特征语义空间查询解析器使用 Gold Parser，在第 5 章已经详细阐述，这里不再赘述。特征语义对象的物理存储数据库为 Oracle 11g，数据库连接组件为 Oracle.DataAccess.dll。

6.1.2 空间数据转换基本工作流程

空间数据的换转是 GIS 数据生产过程中最频繁的一项工作，可以将其分成两大类：一类是数据采集平台向 GIS 平台的数据转换，例如 CAD 数字地形图到 GIS 数据格式的转换，这类问题的出现主要是目前 GIS 数据的应用与数据采集的平台相互独立，传统 CAD 制图软件具有强大数据采集能力，但空间分析能力不足，而 GIS 平台正好弥补了这个缺陷；另一类是不同 GIS 平台之间的数据转换，由于 GIS 平台不同，那么支持的数据格式也就不同，这种情况下的转换方式有：

（1）两种数据格式的直接转换，这种方式难度比较大，需要两种格式都公开，而目前的事实并非如愿。

（2）经过中间格式的转换，这是目前的主流模式，如 XML、GML 以及其他开放格式，例如 ESRI 公司的 Geodatabase 就提供了 XML 文档来实现数据模型和数据内容的共享与互操作。

空间数据的转换内容包括：几何图形数据的转换、属性数据的转换、元数据转换、空间参考系表达的转换、几何图形符号化属性转换等。为了把空间数据从一种数据格式转换到另一种格式，必须建立转换模型之间的映射规则，包括几何映射规则、属性映射规则等，在数据转换过程中，由这些规则驱动所有的数据模型操作，同时，可以通过编制映射文件的规则，指定完成数据提取、数据合并、属性结构重构、属性赋值、属性值修改、栅格数据处理等操作；也可以通过编制映射文件的函数功能，灵活控制几何数据变换和坐标系统变换等操作[153]。

由于本书提出的空间数据模型对空间数据表达的特殊性，空间数据的转换不能像传统空间数据模型之间的转换那样，用户处于数据转换的外围，对于初始条件设置好后，用户不再干涉其中的转换过程，这个过程对于用户来说是个黑箱；而传统空间数据模型到本研究空间数据模型的转换需要用户的始终参与，用户决策要素的取舍，判断哪些地理对象构建聚合特征语义对象、哪些地理对象构建组合特征语义对象及哪些地理对象构建元特征语义对象，同时需要决策地理对象归属，即哪些对象构成一个有机整体。传统空间数据模型到本研究模型的转换流程如图 6-1 所示，主要过程描述如下：

（1）要素选择。通过人机交互界面，从源数据指定图层中选择需要转换的目标地理对象，如果非顶层地理对象，可以一次选择多个进行批量转换，但必须属于同一个上级地理对象的子对象。

（2）数据转换。数据转换在数据转换器中完成，要素选择之后被输送到要素转换器，将根据源数据模型与目标数据模型之间的转换映射规则，分别将源数据的属性、几何映射为目标数据模型的属性对象、几何对象等。

（3）创建特征语义对象。在特征语义对象创建时需要指定创建类型，并选择一个空间数据应用领域特征概念分类体系，用于支持特征语义建模，还需要给定所创建特征语义对象的标准名称，一般可以从地理对象的属性中提取，如果没有这样的描述地理对象名称的属性，则将其标准名称缺省值设为"未名"，待以后修改。在创建特征语义对象时，还必须指定其归属对象，除非是顶层聚合特征语义对象，特征语义对象创建完之后分别存储三个不同类型的对象集合中。

（4）生成特征语义空间。在特征语义空间的生成过程中，首先从聚合特征语义对象集合中提取顶层地理对象；然后自上而下的构建特征语义空间主体框架；再从组合特征语义对象集合中提取对象加载到所属聚合特征语义对象的组合特征语义对象链表中；最后从元特征语义对象集合中加载对象到所属聚合特征语义对象或组合特征语义对象的元特征语义对象链表中。

（5）特征语义对象存储与访问。在第 4 章提出的特征语义对象的数据库存储模型的基础上，设计特征语义对象存储与访问接口，使得特征语义对象所有信息无损的与数据库存储模型进行映射，实现特征语义对象的持久化，并构建空间索引。

（6）特征语义对象操纵。特征语义空间构建完成之后就可以在应用程序中对特征语义对象进行各种操纵，包括编辑、漫游、查询、特征子空间提取等操作。

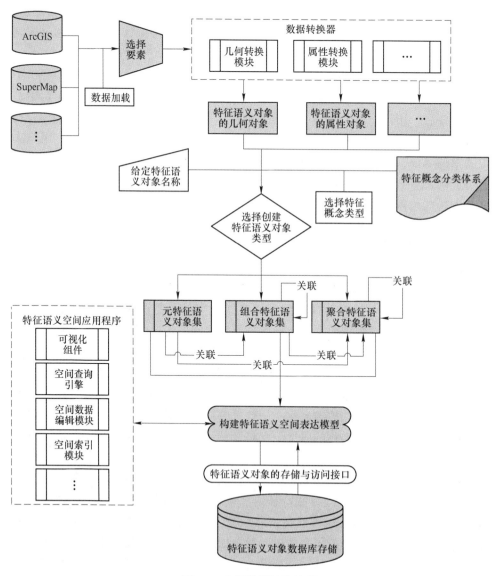

图 6-1　空间数据转换流程

6.2 传统二维空间数据的转换——以 Shapefile 为例

6.2.1 Shapefile 数据实例说明

本次转换实验所用的数据实例来源于国家基础地理信息系统网站的 1：400 万的全国基础地理数据，并从中截取江西省部分用于实验研究，数据格式为 ESRI 的 Shapefile 文件，主要的空间数据图层有：省级行政区范围面图层、地级行政区范围面图层、县级行政区范围面图层、湖泊水库面图层、一级河流线图层、二级河流线图层、三级河流线图层、四级河流线图层、五级河流线图层、主要铁路线图层、主要公路线图层、县级居民地点图层、地市级以上居民地点图层。本实验数据的转换主要涉及聚合特征语义对象、元特征语义对象的构建，以及属性数据和几何数据的转换、空间语义关系构建。

6.2.2 两种模型转换对照关系建立

在 Shapefile 中，Feature（要素）是组成图层的基本单位，一个 Feature 由属性和几何构成，属性是一系列字段的集合 IFields，这里的字段集合 IFields 相当于第 3 章提出的特征语义对象的属性对象 AttributeObject，几何部分与特征语义对象的几何对象对应。两种模型之间的转换工作主要集中在属性转换和几何转换。Shapefile 的几何类型包括点（Point）、多点（MultiPoint）、线（Polyline）、多边形（Polygon）、复合目标（MultiPatch），如图 6-2 所示。在 Shapefile 中，Polyline 和 Polygon 都是集合几何对象，相当于 OpenGIS 简单几何模型的 MutilGeometry 的派生类型。Polyline 可能是一条或多条路径（Path）组成，路径只由直线段 LineSegment 组成，不支持其他类型的片段，如弧段 ArcSegment。Polygon 可能是单个多边形或多个多边形组成，每个子多边形由一个外环及 0 个或多个内环组成，外环和内环都是由直线段 LineSegment 组成。

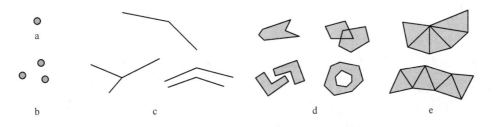

图 6-2　Shapefile 中的几何类型
a—点；b—多点；c—线；d—多边形；e—复合目标

特征语义对象的几何类型主要有点（Point）、多点（MutilPoint）、线（Line-

String）、多线（MutilLineString）、多边形（Polygon）、多个多边形（MutilPolygon），第 3 章设计的多面体、四面体等主要为今后研究提供预留几何类型。

两种模型的属性和几何转换对照关系分别如表 6-1 和表 6-2 所示。

表 6-1　属性类型转换对照关系

Shapefile 属性字段类型 esriFieldType	特征语义对象属性类型 AttributeType	说　明
esriFieldTypeString	Attribute_ STRING	字符串类型
esriFieldTypeInteger	Attribute_ INT	短整型及整型都转换成整型，shapefile 无长整型
esriFieldTypeSmallInteger		
esriFieldTypeSingle	Attribute_ FLOAT	单精度浮点型
esriFieldTypeDouble	Attribute_ DOUBLE	双精度浮点型
esriFieldTypeDate	Attribute_ DATE	日期型
esriFieldTypeBlob	Attribute_ BLOB	二进制大对象类型

表 6-2　几何类型转换对照表

Shapefile 几何类型	特征语义对象几何类型	说　明
IPoint	Point	单点几何
IMutilPoint	MutilPoint	多点几何
IPolyline	LineString	只有一个 Path 的情况
	MutilLineString	多于一个 Path 的情况
IPolygon	Polygon	只有一个多边形的情况
	MutilPolygon	多于一个多边形的情况

6.2.3　Shapefile 的转换功能实现

对 Shapefile 文件存储的空间数据的转换，本书借助 ESRI 公司提供的二次开发组件 ArcGIS Engine9.3 在 VS. NET2008 开发平台下运用 C#编程语言进行具体实现，使用现有开发组件可以非常便捷的开发、部署图 6-1 提出的各功能模块，实现对 Shapefile 数据的操作，避免底层开发 Shapefile 数据的操作程序，降低开发难度。为了操作上的方便，数据转换接口和特征语义空间应用程序集成在一个软件界面下运行，如图 6-3 所示，可以及时查看转换的数据结果。

6.2.4　基于行政层次划分的特征语义空间构建

按照行政级别对地理空间的划分具有明显的层次语义关系，在空间纵向语义关

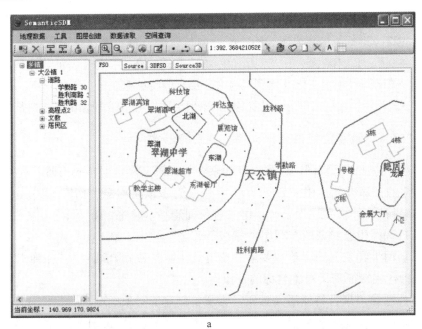

a

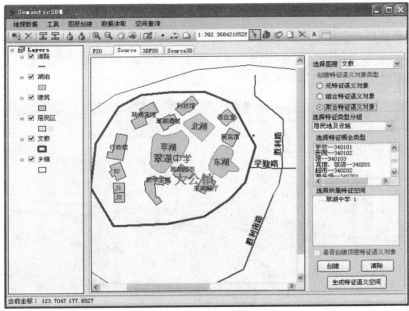

b

图6-3 集成的应用程序界面

a—特征语义空间应用程序界面；b—数据转换界面

系方面隐含了包含与被包含的空间关系，如果能在空间表达模型中隐式的表达这种关系，那么对空间检索效率的提高将起到极大的促进作用，而基于行政层次划分的特征语义空间的构建就是为了保持这种空间关系，实现空间层次表达，提高空间数据的查询与管理的效率。本次特征语义空间构建实验采用特征概念分类体系为GB/T 13923—2006《基础地理信息数据分类与代码》标准，该标准已经全面用于全国1：400万、1：100万、1：25万和1：5万数据库建设，每个特征分类具有适用比例尺，随比例尺逐级变化，比例尺越大，拥有的特征概念分类就越丰富。

以下就基于行政层次划分的特征语义空间中不同特征语义对象的创建进行阐述。

6.2.4.1 顶层空间聚合特征语义对象的创建

在当前特征语义空间中，顶层空间聚合特征语义聚合对象具有唯一性，也是最先创建的，那么在这里"江西省"就是成为了顶层对象，所在 Shapefile 图层为"省级行政区"。顶层聚合特征语义对象创建基本顺序：

（1）选择顶层对象所在图层"省级行政区"。

（2）用工具条上的"拾取要素"交互式工具拾取"江西省"，在弹出对话框中，选择代表特征语义对象名称的字段。

（3）选择"聚合特征语义对象"为所要创建的对象类型。

（4）选择特征概念类型"省级行政区域"，编码为"630100"。

（5）在"是否创建顶层聚合特征语义对象"复选框中打钩，在以后的创建中，该复选框一直处于灰色状态。

（6）单击"创建"命令按钮，即完成了顶层对象的创建，会在右下角显示顶层对象的名称，如图6-4所示。

图6-4 顶层聚合特征语义对象的创建

6.2.4.2 次级空间聚合特征语义对象的创建

在当前特征语义空间中，地级行政区域为次级行政区划空间对象，由于它还具有下级空间对象，所以在地级层次空间创建聚合特征语义对象。次级空间聚合特征语义对象的创建操作过程与（1）基本相同，差别在于要选择所属"特征空间"，即上层聚合特征语义对象（这里为"江西省"），创建完成之后会在顶层对象下显示所创建对象的名称及对象标识，如图 6-5 所示。

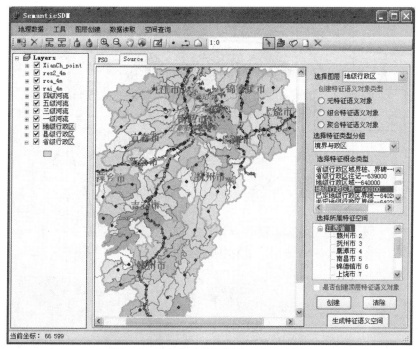

图 6-5 次级聚合特征语义对象的创建

6.2.4.3 元特征语义对象的创建

这里的元特征语义对象主要包括河流、县级行政区域、行政驻地点、道路等。元特征语义对象创建的关键是确定其归属问题，对于行政单元、建筑等具有明显从属关系的空间对象很容易归集到所属的聚合特征语义对象中去，如图 6-6所示，但是对于一些没有明显从属关系的自然地物的归属就需制定一些规则，例如河流就有可能和多个聚合特征语义对象空间上具有相关性，如图 6-7 所示的河流分布情形，那么它的归属对象的确定就需要根据空间分布状态来决定。这里对图 6-7 中的河流三种分布情况归属进行讨论，图 6-7a 中的河流"贡水"完全在赣州市境内，那么直接可以将它归集到聚合特征语义对象"赣州市"；图 6-7b 中的河流"孤江"流经了赣州市和吉安市，源头在赣州市境内，最后在吉安市境内流入赣江，"孤江"的主体部分属于吉安市境内，占了86%，而在赣州市境内只有一小部分。这种情况下，我们将其归集到聚合特征语义对象"吉安市"；图6-7c 中的河流"袁河"发源于萍乡市境内，流经宜春市、新余市及吉安市一角，最终在宜春市境内流入赣江，它跨越了四个聚合对象，都没有占有绝对优势，为了保持地理对象的完整性，这时将它归属到更高一层次聚合特征语义对象"江西省"，并在空间语义关系中记录流经的地理对象。对于特征语义对象的归属问题，还需要考察其他相关资料，确保归属划分的正确性。

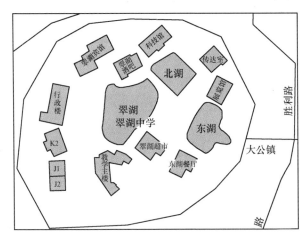

图 6-6　具有明显归属对象的情形

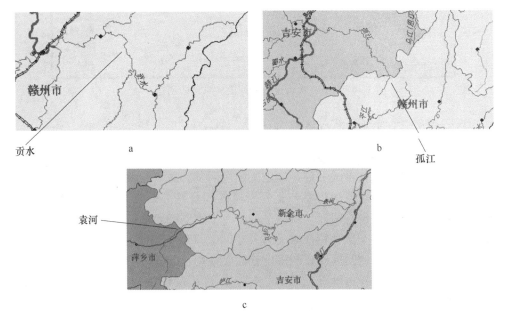

图 6-7　河流的三种分布情形归属判断

6.2.4.4　生成特征语义空间表达

特征语义对象创建完毕后，按照第 5 章中提出的特征语义空间的树型数据结构创建算法实现特征语义空间自上而下的构建，逐级加载不同类型的特征语义对象，最终实现基于图层表达的 Shapefile 格式空间数据向本书提出的空间数据表达模型的转换，转换结果如图 6-8 所示。

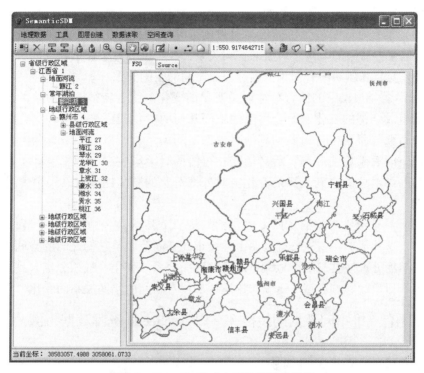

图 6-8　Shapefile 格式空间数据转换结果

6.2.4.5　空间关系变化处理策略

在地理空间发展、变化过程中，特征语义对象存在产生、更新、聚合、分割、消失等现象，如行政区域合并产生新的特征语义对象，旧的消失。这些都会引起特征语义对象之间的空间关系发生变化。在处理这些变化时，我们遵循一个自上而下的原则，这样既可以保持特征语义对象间纵向空间关系完整性，又能保持横向空间关系的完整性。以下就可能出现空间关系变化情形的处理加以讨论：

（1）两个聚合特征语义对象的合并产生新的对象。例如两个相邻的地级行政区域发生合并，那么首先考虑合并产生的新的聚合特征语义对象与省级行政区域在空间上的及非空间上的关系变化；然后处理其与从属省级聚合特征语义对象下的元特征语义对象及同层空间聚合对象之间的空间关系；最后处理该新聚合对象与内部对象之间、内部对象与内部对象之间、内部对象与从属上级聚合对象的非聚合对象的空间关系，在处理之前需要判断哪些发生了变化，哪些没有发生变化，以提高空间关系更新效率。

（2）聚合特征语义对象的分割。例如将一个地级市拆分出几个县形成新的地级市由省直辖，这种情况的处理策略采用类似情况（1）的情形。

（3）聚合对象中的元特征语义对象的变化。这种情况，首先检测是否会影响与上级聚合对象的非聚合对象的空间关系，找出影响对象并更新空间关系；然后处理该对象与所属聚合对象的内部对象之间的空间关系。

（4）聚合对象中的组合特征语义对象的变化。组合特征语义对象的变化包括内部组成结构的变化和组合对象的空间几何的变化或消失。前种变化不会影响组合对象与所属聚合对象的其他对象的空间关系，所以不用考虑与外部对象之间的空间关系更新问题；后者的变化可能同时会影响自身内部空间关系的变化和与外部对象的空间关系的变化，对外部对象的影响处理可以采用情况（3）的策略。

（5）特征语义对象的从属变更。例如将一个县从一个地级市划归到另一个地级市，这种情形，首先要处理两个地级市的空间范围及它们之间的空间关系的变化；然后处理该县与两个地级市之间的空间关系的变化；最后分别找到该县对两个聚合对象的影响区域，更新与影响区域内对象间的空间关系的变化。

6.3　现有三维空间数据的转换——以 ArcScene 三维数据为例

6.3.1　ArcScene 数据实例说明

ArcScene 数据实例来源于网上的一个城镇模拟数据，存储在 ESRI 公司的 file Geodatabase 中，几何对象类型为 MultiPatch，表达的三维对象是一种表面三维模型，没有纹理数据，如图 6-11 所示。该城镇三维模拟数据总共由 13 个图层构成，其中图层 WallSurface（墙面）、RoofSurface（屋顶面）、Door（门）、Window（窗户）、BuildingInstallation_surface（建筑装备）用于描述房屋建筑结构；Road_surface存储道路面数据；WaterSurface 存储水域面数据；TINRelief 存储地形数据；PlantCover_surface 存储植被覆盖范围，GenericCityObject 存储围墙面数据，围墙是有厚度的。

6.3.2　ArcScene 三维几何对象 Multipatch 结构分析

目前，三维构模的主要方法有线框构模法、断面构模法、表面构模法、块状构模法和实体构模法[154]。MultiPatch 是 ArcGIS 设计的一种用于描述表面三维的几何对象类型，具有结构相对简单，渲染速度快的特点。一个 MultiPatch 是一系列三维表面，这些三维表面由多组几何来描述。这些几何可能是多个 TriangleStrip、TriangleFan 或环组（Rings）。在 MultiPatch 中，每个表面只有一个 TriangleStrip 或一个 TriangleFan，但是可以有一个或多个环组。一个 MultiPatch 可能是由 TriangleStrip、TriangleFan 和 Rings 组成混合对象。MultiPatch 几乎可以用于所有的地理对象的表面三维建模，如建筑物、道路、河流、地形等，一栋建筑物可以由多个 MultiPatch 构成。以下就分别对构成 MultiPatch 的主要基本几何分析。

6.3.2.1 TriangleStrip

TriangleStrip（三角形带）是按照三维点集合的点位顺序，每相邻的三个点生成一个三角形，最终构成一个相互连接的三角形带。一个 TriangleStrip 定义一个表面，如图 6-9a 所示，它描述的是一个面状楼梯，由 18 个点按顺序（0，1，2）、…、（i，$i+1$，$i+2$）、…、 （15，16，17）生成三角形集合构成三维表面，其中 $i = \{0, 1, 2, \cdots, n\}$，$i < n-2$，$n$ 为点的个数，$n-2$ 为三角形个数，图 6-9a 三角形总数为 15。

从 TriangleStrip 中读取三角形操作代码如下：

```
public Triangle [] getTriangles (ITriangleStrip pTriStrip)
{    //获得点集
    IPointCollection pPoints = pTriStrip as IPointCollection;
    Triangle [] pTriangles = new Triangle [pPoints.count-2]; 定义三角形数组
    for (int i=0; i< pPoints.count-2; i++)
     {    //读取相邻三个顶点组成一个三角形
    Triangle [i] =Δ (i, i+1, i+2);
     }
    returnp Triangles;
}
```

6.3.2.2 TriangleFan

TriangleFan（三角形扇面）是以三维点集合中第一个点为公共顶点，然后按照其他点的顺序依次生成三角形，最终构成三角形扇面。如图 6-9b 所示，顶点 0 作为所有三角形的共同点，然后依次按照点的顺序构成三角形集合 {（0，1，2）、…、（0，$i+1$，$i+2$），…，（0，6，7） } 生成三维表面，其中 $i = \{0, 1, 2, \cdots, n\}$，$i < n-2$，$n$ 为点的个数，$n-2$ 为三角形个数。

从 TriangleFan 中读取三角形操作代码如下：

```
public Triangle [] getTriangles (ITriangleFan pTriFan)
    //获得点集
    IPointCollection pPoints = pTriFan as IPointCollection;
    Triangle [] pTriangles = new Triangle [pPoints.count-2]; //定义三角形数组
    for (int i = 0; i< pPoints.count-2; i++)
        //读取相邻三个顶点组成一个三角形
        Triangle [i] =pTriFan (0, i+1, i+2);

    return pTriangles;
```

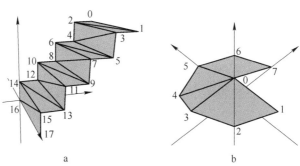

图 6-9　三角形带和三角形扇面

a—三角形带；b—三角形扇面

6.3.2.3　Rings

Ring（环组）也是由三维点组成的集合，只是它在三维表面模型的构建中可能有特殊的角色，如建筑物的窗户等都通过环来实现，它可以分为：Ring（unknown）、First Ring、Inner Ring、Outer Ring，如图 6-10 所示。有一个规则不是强迫的，但在创建环组时应当遵守，那就是在同一个环组的所有环必须共面。它是 OpenGL 的一个三维图形标准。例如，一个封闭的立方体由六个环组构成，每个

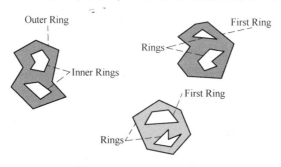

图 6-10　MultiPatch 中的环

环组只有单个环，如果在立方体的一个面上有个洞，它并不会改变环组数目，而是在该面的环组中增加一个环来描述这个洞。

6.3.3 ArcScene 三维场景数据转换实现

在转换前同样必须建立两种模型之间的映射关系，属性映射关系同 6.2.2 小节完全一致，这里几何对象 MultiPatch 映射为第 3 章提出几何类型 MultiSurface，而组成 MultiPatch 的 TriangleStrip 和 TriangleFan 映射为 TIN 类型，TIN 是由一系列三角形组成，每个 Rings（环组）映射为一个 Polygon。

在数据转换程序开发过程中，对于 ArcScene 三维数据的操作仍然使用 ArcGIS Engine 组件，利用 AxScenceControl 控件加载三维图形数据，使用 ISelectSet 接口创建选择集，转换程序操作界面与二维数据转换程序类似，如图 6-11 所示，实验过程涉及三种特征语义对象类型的创建。

图 6-11 ArcScene 三维数据及其转换程序界面

对于图 6-11 中显示的三维城镇数据，这里只转换内围墙范围内的数据，将其建模为一个复杂地理实体，数据转换操作过程同二维数据类似，也是通过人机交互式来实现，选择 SEDRIS 的环境数据编码规范 EDCS 作为地理特征概念体系。

6.3.3.1 聚合特征语义对象创建

在图 6-11 中，选择内围墙形成的范围边界作为顶层聚合特征语义对象的空间几何对象，选择 EDCS 中的 "Town" 作为地理特征概念，特征语义对象标准名称为 "Mauer-Innen"。

6.3.3.2　组合特征语义对象创建

每栋房屋作为一整体建模成组合特征语义对象，选择 EDCS 中的 "Building" 作为地理特征概念，它的内部可能又由多个部分构成，每个部分又构成一个组合特征语义对象，图 6-12 中的房屋就属于这种情形，每个部分又由屋顶、墙壁、窗户和门等一些基本对象组成，这些基本对象建模为元特征语义对象。

图 6-12　组合特征语义对象

6.3.3.3　元特征语义对象创建

内部道路以及构成房屋的屋顶、墙壁、窗户、门等基本对象建模为元特征语义对象，从 EDCS 中选择相应地理特征概念，并将创建结果加载到对应的所属上级对象。当创建每栋房屋的元特征语义对象时，只要用鼠标选择需要转换房屋的房顶，然后通过房顶和墙面的邻接关系从 WallSurface 中提取该房屋的墙面，再根据墙面与窗户和门的空间包含关系，分别从图层 Window 和 Door 中找出该墙的窗户和门对象。

ArcScence 三维场景数据部分转换结果如图 6-13 所示。

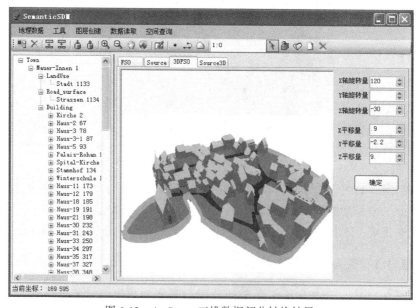

图 6-13　ArcScene 三维数据部分转换结果

6.4 与基于传统空间数据模型的空间查询对比分析

为了检验语义关系在空间查询中所起的作用，这里分别就基于本书空间数据模型和基于传统空间数据模型表达的空间数据进行空间查询测试。空间查询环境设置如下：

（1）基于本研究提出的空间数据模型的空间查询环境设置：

1）测试数据为以上转换后的数据结果；

2）查询客户端为本研究基于 C#开发的系统。

（2）基于传统空间数据模型的空间查询环境设置：

1）测试数据为转换前的 Shapefile 数据；

2）查询客户端为基于 ArcGIS Engine 组件开发的客户端应用程序。

两者的实验测试硬件环境和操作系统相同。

6.4.1　地理实体从属关系查询

分别查找从属赣州市、吉安市、宜春市、上饶市、九江市境内的所有县、河流、道路、各级政府驻地，实验结果见表 6-3。

6.4.1.1　查询语句

基于非空间语义关系的查询（图 6-14）处理的查询语句如下：

Select obj from currentspace where obj.IsPartOf（"赣州市"）

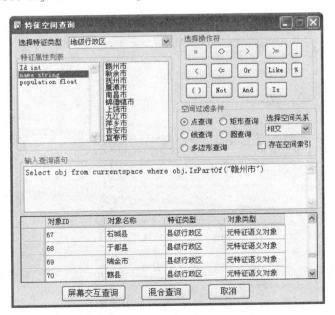

图 6-14　基于非空间语义关系的查询

表 6-3 地理实体从属关系查询结果

所属市	赣州市	吉安市	宜春市	上饶市	九江市
对象总体数量/个	258	258	258	258	258
查询结果数量/个	47	37	24	29	26
查询 1 耗时/ms	0	0	0	0	0
查询 2 耗时/ms	156. 25	129. 69	185. 94	210. 94	189. 06

6.4.1.2 查询流程

ArcGIS Engine 客户端应用程序查询流程:

(1) 从当前地图空间找到"地级行政区"图层;

(2) 从"地级行政区"图层找到要查询的地级市;

(3) 利用地级市的几何对地图空间的所有图层逐一过滤,并返回查询结果。

6.4.2 基于空间语义关系的查询

查询实例:查找所有流入赣江、抚河、信江的河流,实验结果见表 6-4。

6.4.2.1 查询语句

基于空间语义关系的查询(图 6-15)处理的查询语句如下:

```
Select obj from currentspace where obj.FeatureType like " 河流" and
obj.FlowsInto (" 赣江")
```

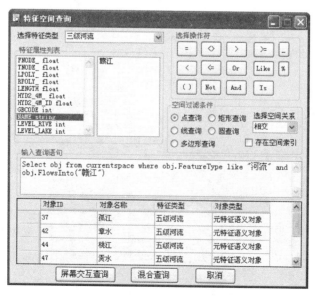

图 6-15 基于空间语义关系的查询

表 6-4 基于空间语义关系的查询结果

被流入河流	赣江	抚河	信江
对象总体数量/个	258	258	258
查询结果数量/个	6	3	6
查询 1 耗时/ms	0	0	0
查询 2 耗时/ms	50	21.88	31.25

6.4.2.2 查询流程

ArcGIS Engine 客户端应用程序查询流程：

（1）分别从被流入河流所在图层提取被流入河流。

（2）利用被流入河流的几何与所有其他河流进行空间运算，判断它们的出水口与被流入河流是否相交，若相交，则加入流入河流结果集。

（3）返回结果。

以上实验数据量虽然比较小，但是仍然能够反映出本书基于语义关系的查询处理效率要明显高于传统的空间查询处理，查询耗时忽略不计，语义关系信息对于改善空间查询性能具有非常明显的作用，查询时，无需经过复杂的空间运算，只需对语义关系表达部件进行搜索。

6.5 基于兴趣点的特征空间结点访问

特征语义空间是由一系列聚合特征语义对象构成，它们之间的关系要么是从属关系，要么是对等关系，每一个聚合特征语义对象都是一个比较完整意义上的地理子空间，拥有不同类型的地理现象的抽象表达，那么用户在进行数据访问时，无须加载整个特征空间，可以自由地选择所要关心的地理子空间，如图 6-16 所示，数据库连接完毕后，应用程序将从地理空间语义树表中读取除顶层空间对象外的所有聚合特征语义对象的名称和对象标识列表，可以方便用户选择。那么在读取用户指定空间结点时，为了保持该子结点的空间表达上的完整性，所有与该子结点具有空间相关的其他空间结点中的特征语义对象信息也需要读取，如图 6-16 中红色高亮显示的"赣江"，它在图 6-8 中显示它属于上一层空间结点"江西省"，它的起点在赣州市内境内，是赣州市境内所有水系最终汇集点。如果在读取空间子结点"赣州市"时，没有将特征语义对象"赣江"部分信息提取，那么赣州市境内的水系网络的完整性将遭到破坏，不能正确地反映空间现象的空间分布特征。

读取相关空间结点中的特征语义对象的基本过程是：

（1）获得当前读取的空间子结点的 MBR。

（2）将该结点的 MBR 与特征语义空间的层次空间索引进行过滤，找出该 MBR 具有空间相关的非聚合特征语义对象的 ID，并且不属于该空间子结点。

（3）通过所获得的 ID 提取空间对象，并与当前空间子结点的几何进行空间求交，如果交集不为空，则将计算获得的新特征语义对象加载到当前空间子结点，如图 6-16 所示，"赣江"成了聚合特征语义对象"赣州市"的一个子对象。

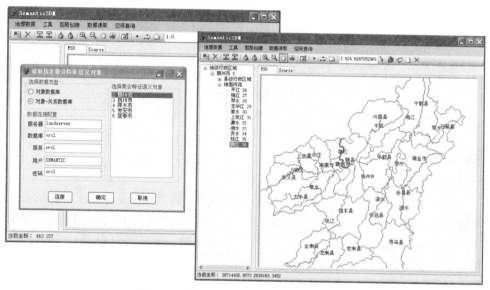

图 6-16　基于用户兴趣的特征子空间访问

6.6　本章小结

本章在比较传统空间数据模型与本研究提出的空间数据模型的基础上，提出了空间数据的转换流程，建立了两者的属性与几何之间的转换映射关系，开发了空间数据转换接口，实现了 1∶400 万的 Shapefile 格式的江西省基础地理数据和 ArcScene 三维城镇空间数据向特征语义空间数据模型的转换，将一个分布在多个图层上的复杂地理对象实现了整体方式的组织与表达，有效地保持了地理空间整体性和联系性，从而有助于提高人们对地理空间的认知。

最后，在现有数据基础上，根据特征语义空间数据模型，对空间数据整体方式组织与表达的特征，提出了基于用户兴趣点的空间数据访问策略，实现了个性化的空间数据服务，而在传统空间数据模型中，访问一个复杂地理对象，需要在多个图层中来回进行各种复杂的空间运算。

7 成果、结论与展望

7.1 成果与结论

7.1.1 成果

本书从地理空间认知出发，利用系统论的观点，对地理对象的空间分布机理和构成进行了深入研究，提出了一种面向特征语义单元的整体方式的地理空间数据组织与表达模式，使之更符合人们对地理空间的认知习惯，并能保持丰富的语义信息，同时，对该空间数据模型的数据库存储与空间查询进行了深入研究和实现。本书的主要工作和成果包括以下几方面：

（1）分析了地理空间认知理论及相关概念，对不同的地理空间认知抽象模型进行了比较分析。在此基础上，对地理空间认知结果的尺度和维度抽象进行了简要讨论，提出了一个功能比较完善的地理空间实体认知描述模型，能够记录空间的、非空间的和时间的属性，还能和相应地理概念关联，实现了地理空间认知结果的结构化表达，并对地理空间认知群体的空间语义关系描述进行了研究。

（2）对地理特征、地理特征语义单元等基本概念进行了界定，以及对特征概念分类原则、方法及主要的国内外特征概念分类体系进行了阐述，从地理空间认知基本理论及认知结果表达方法出发，提出了面向特征语义单元的空间数据组织与表达模型，设计了用于描述特征语义单元的三种类型特征语义对象，并对特征语义对象的构成进行了深入解析。该模型能够实现任何复杂地理对象建模，真正实现地理空间数据的整体方式的组织与表达，比较完备地保持了对地理空间对象之间的各种语义关系。

（3）在分析 OpenGIS 简单要素数据库存储基础上，提出了特征语义对象的数据库存储模型，它由基本表和特征语义对象表两大部分构成；对 OpenGIS 的几何存储格式 WKBGeometry 做了相应的扩展使之适应特征语义对象的几何存储，并实现了特征语义对象的空间数据存储与访问接口，提出了特征语义对象的批量存储策略，从而提高了空间数据存储效率；构建了基于格网索引的层次空间索引，设计了空间索引的数据库存储结构，从实验效果来看，本书提出的空间索引组织模式具有非常高的查询效率；提出了自上而下的空间数据访问策略，以及基于路径相关的特征语义空间动态访问策略。

（4）针对基于特征语义对象的空间数据组织的树型结构特征，及参照树型数据结构搜索算法的基础上，提出了适合面向特征语义单元的空间数据模型的空间查询语言所具有的一般特征，设计了空间查询语言的语法结构和非空间与空间查询算子，并基于 Gold Parser 创建了特征语义空间查询解析引擎，发展了面向特征语义对象的空间查询语言 FSO-SQL，它支持属性查询、空间查询、语义查询及混合查询等多种查询策略。

（5）在比较分析传统空间数据模型与本书提出的空间数据模型的基础上，提出了传统空间数据模型与本书空间数据模型的转换流程，建立了两者的属性与几何之间的转换映射关系，开发了空间数据转换接口，实现了 1：400 万的 Shapefile 格式的江西省基础地理数据和 ArcScene 三维城镇空间数据向特征语义空间数据模型的转换，实现了在现有数据基础上的特征语义空间的构建。在此基础上，提出了基于用户兴趣点的空间数据访问策略，为实现个性化的空间数据服务进行初步探索。

7.1.2　研究结论

本书主要对面向特征语义单元的地理空间数据模型及其相关理论与技术进行了深入研究，从研究结果可以得出以下结论：

（1）提出的面向特征语义单元的空间数据模型是完全基于人的地理空间认知的，能正确反映人的地理空间认知结果，能够实现地理空间认知与表达的一致性，能够实现复杂地理实体建模。

（2）提出的特征语义对象的空间数据库存储模型，能够完全实现地理空间认知表达模型的无缝存储，保持地理空间认知结果的持久化。

（3）设计的空间数据存储与访问接口，能够实现空间数据逻辑表达模型和物理存储模型无缝对接。

（4）设计的空间查询语言 FSO-SQL 是一种完全基于特征及语义信息的空间查询语言，能够满足特征语义空间多种查询项目需求。

7.2　创新点

本书创新点主要体现在以下两点：

（1）发展了面向特征语义单元的空间数据模型，并尝试了传统空间数据模型到该模型的转换，实现了地理空间数据的整体方式的组织与表达，丰富了地理空间数据建模理论与方法。

（2）发展了面向特征语义对象的空间查询语言 FSO-SQL，实现了特征语义空间的多种查询策略，由于该查询语言直接面向地理实体，因而具有较高的灵活性。

7.3　展望

　　本书提出的面向特征语义单元的空间数据模型与传统空间数据模型具有重要的差异，传统的空间数据组织模式是基于分层的，而本书的空间数据模型完全基于特征的对地理空间数据以整体方式的组织与表达。这是一种全新的、完全按照人的地理空间认知来应对地理空间的组织模式，对于这种组织模式还有很多方面需要进行深入研究和实践，才能充分发掘它的优势，以应对更多需要解决的问题。由于时间和精力所限，本书对面向特征语义单元的空间数据模型所做的研究工作还是很小的一部分，还有很多未知领域需要研究，今后将围绕以下 4 个方面开展研究工作：

　　（1）研究特征语义对象的动态更新机制，包括特征语义对象的删除、修改、合并、分割、特征空间层次改变等，这些操作都会影响特征语义空间的完整性和整体性，需要深入研究由这些操作所带来的一系列问题。

　　（2）继续完善和优化特征语义空间查询语言 FSO-SQL，扩展空间语义推理能力。

　　（3）对特征语义单元的多尺度、时态问题将进行深入研究。

　　（4）试图研究构建基于特征的行业 GIS 系统应用平台。

参 考 文 献

［1］邬伦. 地理信息系统原理、方法和应用 ［M］. 北京：科学出版社，2001.

［2］黄裕霞，柯正谊，何建邦，等. 面向 GIS 语义共享的地理单元及其模型 ［J］. 计算机工程与应用，2002（11）：118~122，134.

［3］黄茂军. 地理本体的形式化表达机制及其在地图服务中的应用研究 ［D］. 武汉：武汉大学，2005.

［4］陈军. 构建多维动态地理空间框架数据 ［C］. 中国科协第 65 次青年科学家论坛论文集，2001.

［5］陈军. GIS 空间数据模型的基本问题和学术前沿 ［J］. 地理学报，1995（S1）：24~33.

［6］刘英. 地理信息系统中时空数据建模及面向对象数据模型的研究 ［D］. 青岛：山东科技大学，2003.

［7］Frank A U. Requirements for a database management system for a GIS ［J］. PHOTOGRAMM. ENG. REMOTE SENS.，1988，54（11）：1557~1564.

［8］Kjerne D，Dueker K J. Modeling Cadastral Spatial Relationships Using Smalltalk-80 ［J］. Journal of the Urban and Regional Information Systems Association，1990，2（1）：26~35.

［9］Worboys M F，Hearnshaw H M，Maguire D J. Object-oriented data modelling for spatial databases ［J］. International Journal of Geographical Information Systems，1990，4（4）：369~383.

［10］Haas L，Cody W. Exploiting extensible dbms in integrated geographic information systems ［C］. In Advances in Spatial Databases，New York，1991：421~450.

［11］Williamson R，Stucky，Jack. An Object-Oriented Geographical Information System ［C］//In object-Oriented Databases with Applications to CASE，Networks and VLSI CAD. Prentice-Hall，Englewood Cliffs，N. J.，1991：297~311.

［12］Egenhofer M J，Frank A U. Object-oriented modeling for GIS ［J］. Urisa Journal，1992，4（2）：3~19.

［13］Milne P，Milton S，Smith J L. Geographical object-oriented databases-A case study ［J］. International Journal of Geographical Information Systems，1993，7（1）：39~55.

［14］Newell R G. Practical experiences of using object-orientation to implement a GIS ［C］. Proceeding GIS/LIS Annual Conference，Bethseda，1992（2）：624~629.

［15］Alves. A Data Model for Geographic Information Systems ［C］. Proceedings，Fourth International Symposium on Spatial Data Handling，Zurich，1990（2）：879~887.

［16］Worboys M F. Object-oriented approaches to geo-referenced information ［J］. International Journal of Geographical Information Science，1994，8（4）：385~399.

［17］Becker L，Voigtmann A，Hinrichs K. Developing Applications with the Object-Oriented GIS-Kernel GOODAC ［C］. In Proceedings of the 7th International Symposium on Spatial Data Handling Delft，NL，1996，1：5A1~5A18.

［18］张巍，许云涛. 面向对象的空间数据模型 ［J］. 武汉测绘科技大学学报，1995，20（1）：

18~22.

[19] 文艺, 朱欣焰. 面向对象的空间数据组织与管理 [J]. 四川大学学报（自然科学版），2000, 37 (3): 373~378.

[20] 龚健雅. 规范化空间对象模型与实现技术 [J]. 测绘学报, 1996 (4): 309~314.

[21] 龚健雅. GIS 中面向对象时空数据模型 [J]. 测绘学报, 1997, 26 (4): 289~298.

[22] 舒红, 陈军, 杜道生. 面向对象的时空数据模型 [J]. 武汉测绘科技大学学报, 1997, 22 (3): 229~233.

[23] 曹志月, 刘岳. 一种面向对象的时空数据模型 [J]. 测绘学报, 2002, 31 (1): 87~92.

[24] 姜晓轶. 基于 Open GIS 简单要素规范的面向对象时空数据模型研究 [D]. 上海: 华东师范大学, 2006.

[25] 张锦. 面向对象的超图空间数据模型 [J]. 测绘通报, 1999 (5): 13~15.

[26] 谢储晖, 郭达志. 面向对象的 GIS 数据模型与实现 [J]. 华东地质学院学报, 2003, 26 (2): 173~178.

[27] 李景文. 面向对象空间实体矢量描述方法研究 [J]. 测绘通报, 2006 (5): 57~59.

[28] 李景文, 周文婷, 刘军锋. 基于地理实体的面向对象矢量模型设计 [J]. 地理与地理信息科学, 2008, 24 (4): 29~31.

[29] 韩李涛, 朱庆. 一种面向对象的三维地下空间矢量数据模型 [J]. 吉林大学学报（地球科学版），2006 (4): 635~641.

[30] 肖乐斌, 钟耳顺, 刘纪远, 等. 面向对象整体 GIS 数据模型的设计与实现 [J]. 地理研究, 2002, 21 (1): 34~44.

[31] Bishr Y. Overcoming the semantic and other barriers to GIS interoperability [J]. International Journal of Geographical Information Science, 1998, 12 (4): 299~314.

[32] USGS. View of the Spatial Data Transfer Standard (SDTS) Document. 1998. http://mcmcweb.er.usgs.gov/sdts/standard.html.

[33] Sondheim M, Gardels K, Buehler K. GIS interoperability [J]. Geographical Information Systems, 1999, 1: 347~358.

[34] Mark D. Toward a theoretical framework for geographic entity types [J]. Spatial Information Theory A Theoretical Basis for GIS, 1993: 270~283.

[35] Bishr Y. Semantic Aspects of Interoperable GIS [D]. The Netherlands: Wageningen Agricultural University and ITC, 1997.

[36] Gahegan M N. Characterizing the semantic content of geographic data, models and systems [J]. Interoperating Geographic Information Systems, 1999, 495: 71.

[37] Guarino N. Semantic matching: Formal ontological distinctions for information organization, extraction, and integration [J]. Information Extraction A Multidisciplinary Approach to an Emerging Information Technology, 1997: 139~170.

[38] Harvey F. Designing for Interoperability: Overcoming Semantic Differences [J]. Interoperating Geographic Information Systems, 1999, 495: 85.

[39] Kashyap V, Sheth A. Semantic heterogeneity in global information systems: The role of

metadata, context and ontologies［J］. Cooperative Information Systems: Current Trends and Directions, 1996: 139~178.

［40］Mena E, Kashyap V, Illarramendi A, et al. Domain specific ontologies for semantic information brokering on the global information infrastructure［C］. 1998.

［41］Rodriguez M, Egenhofer M, Rugg R. Assessing semantic similarities among geospatial feature class definitions［J］. Interoperating Geographic Information Systems, 1999: 189~202.

［42］Sheth A P. Changing Focus on Interoperability in Information Systems: From System, Syntax, Structure to Semantics［J］. Interoperating Geographic Information Systems, 1998: 5~29.

［43］Safe Softwars 公司. FME 技术白皮书［M］. 北京: 北京世纪安图数码科技发展有限责任公司, 2009.

［44］曾巧玲, 张书亮, 姜永发, 等. 利用 FME 实现 GIS 与 CAD 的语义转换［J］. 计算机工程与应用, 2005 (13): 214~217.

［45］Tang A Y, Adams T M, Usery E L. A Spatial Data Model Designfor Feature-Based Geographical Information Systems［J］. International Journal of Geographical Information Systems, 1996, 10 (5): 643~659.

［46］Feuchtwanger M. Towards a Geographic Semantic Database Model［D］. Simon Fraser University, the Department of Geography, 1993.

［47］朱欣焰, 许云涛. 面向对象的语义数据模型及其在空间数据库中的应用［J］. 武汉测绘科技大学学报, 1993, 18 (4): 76~81.

［48］陈常松. 地理信息分类体系在 GIS 语义数据模型设计中的作用［J］. 测绘通报, 1998, 8: 17~20.

［49］陈常松, 何建邦. 面向数据共享目的的 GIS 语义数据模型［J］. 中国图象图形学报: A 辑, 1999, 4 (1): 13~18.

［50］董鹏, 张锦. 特征 GIS 空间数据模型的语义和应用［J］. 太原理工大学学报, 2000, 31 (3): 246~250.

［51］Mennis J L. Derivation and implementation of a semantic GIS data model informed by principles of cognition［J］. Computers, environment and urban systems, 2003, 27 (5): 455~479.

［52］徐志红, 边馥苓, 陈江平. 基于事件语义的时态 GIS 模型［J］. 武汉大学学报 (信息科学版), 2002, 27 (3): 859~862.

［53］OGC. OpenGIS® City Geography Markup Language (CityGML) Encoding Standard［EB/OL］. Open Geospatial Consortium, Inc., 2008. http: //www. opengeospatial. org/standards/citygml.

［54］朱庆, 胡明远. 基于语义的多细节层次 3 维房产模型［J］. 测绘学报, 2008, 37 (4): 514~520.

［55］赵彬彬, 邓敏, 李志林. GIS 空间数据层次表达的方法探讨［J］. 武汉大学学报 (信息科学版), 2009, 34 (7): 859~863.

［56］沈敬伟, 闾国年, 吴明光, 等. 面向虚拟地理环境的语义数据模型［J］. 计算机应用研究, 2010, 27 (1): 3819~3821.

［57］ISO/TC211-631. Geographic information-part 9: Rules for application schema［S］.

International Organization for Standardization，2002.

［58］尹章才．GIS 中基于特征的数据模型［J］．国土资源科技管理，2002，19（2）：50~53.

［59］OGC. The OpenGIS Abstract Specification Topic 1：Feature Geometry［R］. Open GIS Consortium Inc，OGC，2001.

［60］Zeiler M. Modeling our world：the ESRI guide to geodatabase design［M］. Esri Pr，1999.

［61］陆锋，申排伟，张明波．基于特征面向对象的地理网络模型研究［J］．地球信息科学，2004，6（3）：72~78.

［62］付哲．基于特征的面向对象虚拟 GIS 数据模型及其应用研究［D］．长春：吉林大学，2006.

［63］Usery E L. A feature-based geographic information system model［J］. Photogrammetric engineering and remote sensing，1996，62（7）：833~838.

［64］Joseph，Greenwood，Hart G. Sharing Feature Based Geographic information - A Data Model Perspective［C］//7th International Conference on GeoComputation，2003：1~10.

［65］陈常松，何建邦．基于地理要素的资源与环境数据的组织方法［J］．地理学报，1999，54（4）：373~381.

［66］罗平，杜清运，雷元新，等．地理特征元胞自动机及城市土地利用演化研究［J］．武汉大学学报（信息科学版），2004（6）：504~507，512.

［67］陆锋．基于特征的城市交通网络 GIS 数据组织与处理方法［D］．北京：中国科学院，遥感应用研究所，1999.

［68］陆锋，周成虎．基于特征的城市交通网络非平面数据模型［J］．测绘学报，2000，29（4）：334~341.

［69］崔伟宏，史文中，李小娟．基于特征的时空数据模型研究及在土地利用变化动态监测中的应用［J］．测绘学报，2004，33（2）：138~145.

［70］李红岩．基于特征的时空三域数据模型及其在环境变迁中的应用［D］．北京：中国科学院遥感应用技术研究所，1999.

［71］柯丽娜，刘登忠，刘海军．基于特征的时空数据模型用于地籍变更的探讨［J］．测绘科学，2003，28（4）：58~61.

［72］赵东，刘就女．基于特征建模的地学可视化数据模型研究［J］．工程图学学报，2001，（3）：44~49.

［73］李满春，周丽彬，丁偕．基于特征的土地利用空间数据库模型［J］．地理与地理信息科学，2006，22（2）：55~58.

［74］Cui W，Shi W，Li X，et al. Research on a feature based spatio-temporal data model［J］. Innovations in 3D Geo Information Systems，2006：151~167.

［75］李景文，刘军锋，董星星．基于实体的地理空间数据模型描述与表达［J］．测绘与空间地理信息，2008，31（6）：1~3.

［76］李文娟，李宏伟，梁汝鹏．基于特征的空间数据模型研究［J］．测绘与空间信息，2010，33（1）：42~45.

［77］Arctur D，Hair D，Timson G，et al. Issues and prospects for the next generation of the spatial data transfer standard（SDTS）［J］. International Journal of Geographical Information Science，1998，12（4）：403~425.

［78］景东升. 基于本体的地理空间信息语义表达和服务研究［D］. 北京：中国科学院研究生院（遥感应用研究所），2005.

［79］肖乐斌，钟耳顺，刘纪远，等. GIS 概念数据模型研究［J］. 武汉大学学报（信息科学版），2001，26（5）：387~392.

［80］Freundschuh S M，Egenhofer M J. Human conceptions of space：implications for GIS［J］. Transactions in GIS，1997，2（4）：361~375.

［81］鲁学军. 空间认知模式研究［J］. 地理信息世界，2004，2（6）：9~13.

［82］王晓明，刘瑜，张晶. 地理空间认知综述［J］. 地理与地理信息科学，2005，21（6）：1~10.

［83］舒红. 地理空间的存在［J］. 武汉大学学报（信息科学版），2004，29（10）：868~871.

［84］赵艳芳. 认知的发展与隐喻［J］. 大连外国语学院学报，1998，113（10）：8~11.

［85］Goodchild M F. Geographical information science［J］. International Journal of Geographical Information Science，1992（6）：31~45.

［86］Mark D M，Freksa C，Hirtle S C，et al. Cognitive models of geographical space［J］. International Journal of Geographical Information Science，1999，13（8）：747~774.

［87］杜培军，陈云浩，张海荣. UCGIS 地理信息科学与技术知识体系及对我国 GIS 研究的启示［J］. 地理与地理信息科学，2007，23（3）：6~10.

［88］国家自然科学基金委员会. 国家自然科学基金优先资助领域战略研究报告：地球空间信息科学［M］. 北京：高等教育出版社，2001.

［89］Newell A，Simon H A. Human problem solving［M］. Prentice-Hall Englewood Cliffs，NJ，1972.

［90］高俊，龚建华，鲁学军，等. 地理信息科学的空间认知研究（专栏引言）［J］. 遥感学报，2008，12（2）.

［91］Marr D. Vision：A computational investigation into the human representation and processing of visual information［M］. San Francisco：Freeman W H，2010.

［92］邬伦，王晓明，高勇，等. 基于地理认知的 GIS 数据元模型研究［J］. 遥感学报，2005，9（5）：583~588.

［93］Lloyd R E. Spatial cognition：Geographic environments［M］. Dordecht：Kluwer Academic Publishers，1997.

［94］Leung Y，Leung K S，He J Z. A generic concept-based object-oriented geographical information system［J］. International Journal of Geographical Information Science，1999，13（5）：475~498.

［95］Fonseca F T. ONTOLOGY-DRIVEN GEOGRAPHIC INFORMATION SYSTEMS［D］. Maine：The University of Maine，2001.

［96］OGC. The OpenGIS® Abstract Specification -Topic 5：Features［EB/OL］. 1999.

［97］李宏伟. 基于 Ontology 的地理信息服务研究［D］. 郑州：解放军信息工程大学，2007.

[98] Mark D M, Egenhofer M J, Hornsby K. Formal Models of Commonsense Geographic Worlds [R]. NCGIA, 1997.

[99] Smith B, Mark D. Ontology with human subjects testing [J]. American Journal of Economics and Sociology, 1998, 58 (2): 245~312.

[100] 杜清运. 空间信息的语言学特征及其自动理解机制研究 [D]. 武汉: 武汉大学, 2001.

[101] Longley P A, Goodchild M F, Maguire D, et al. Geographical information systems: principles, techniques, management, and applications [M]. John Wiley & Sons, 2005.

[102] 余建伟, 李清泉. 位置感知计算中定位信息的自然语言描述 [J]. 地理与地理信息科学, 2009, 25 (1): 10~13.

[103] Le Yaouanc J M, Saux C. Claramunt. A semantic and language-based representation of an environmental scene [J]. GeoInformatica, 2010, 14 (3): 333~352.

[104] 王福涛, 李景文, 李占元. GIS 空间数据表达与存储研究综述 [J]. CHINA WATER TRANSPORT, 2006, 6 (11): 139~141.

[105] 陈常松, 何建邦. 面向 GIS 数据共享的概念模型设计研究 [J]. 遥感学报, 1999, 3 (3): 230~235.

[106] 何建邦, 李新通. 对地理信息分类编码的认识与思考 [J]. 地理学与国土研究, 2002, 18 (3): 1~7.

[107] 波克罗夫斯基 (刘伸摘译). 关于分类学体系 [J]. 国外社会科学, 2007 (2): 51~53.

[108] USGS, NMD. Spatial Data Transfer Standard (SDTS) —Part 2: Spatial Features [S]. American National Standards Institute, Inc., 1997.

[109] DGIWG. The Digital Geographic Information Exchange Standard (DIGEST) Part 4: FEATURE and ATTRIBUTE CODING CATALOGUE (FACC) [EB/OL]. 2000. http://www.DIGEST.org.

[110] DARPA. Environmental Data Coding Specification (EDCS) [EB/OL]. [2010-10-20]. http://www.sedris.org/edcs.htm.

[111] 杨森, 战守义, 费庆. 使用 SEDRIS 的环境数据表示与交换 [J]. 计算机工程, 2002, 28 (12): 71~73.

[112] 张雪英, 间国年. 基于语义的地理信息分类体系对比分析 [J]. 遥感学报, 2008, 12 (1): 9~14.

[113] David M, Kroenke, David Auer. 数据库处理——基础、设计与实现 [M]. 施伯乐, 顾宁, 刘国华, 等译. 北京: 电子工业出版社, 1999.

[114] 李景文, 刘军锋, 周文婷, 等. 基于地理认知的空间数据模型描述方法 [J]. 工程勘察, 2009 (1): 59~63.

[115] 李景文. 面向对象空间实体矢量数据模型及其应用研究 [D]. 北京: 中国地质大学, 2007.

[116] 王艳慧, 陈军, 蒋捷. GIS 中地理要素多尺度概念模型的初步研究 [J]. 中国矿业大学学报, 2003, 32 (4): 376~382.

[117] Egenhofer M J, Franzosa R D. Point Set Topological Spatial Relations [J]. International Journal of Geographical Information Systems, 1991, 5 (2): 161~174.

［118］ Egenhofer M J, Clementini E, Felice P D. Topological relations between regions with holes ［J］. International Journal of Geographical Information Systems, 1994, 8（2）: 129~142.

［119］ PAPADIAS D, KARACAPILIDIS N, ARKOUMANIS D. Processing fuzzy spatial queries: A conguration similarity approach ［J］. International Journal of Geographical Information Science, 1999, 13（2）: 93~118.

［120］ Clementini E, Di Felice P. A comparison of methods for representing topological relationships ［J］. Information Sciences, 1995, 3（3）: 149-178.

［121］ Haarsley V, Moller R, Wessel M. On specifying semantics of visual spatial query languages ［C］. 1999: 4~11.

［122］ Goyal R K. Similarity assessment for cardinal directions between extended spatial objects ［D］. Maine: University of Maine, 2000.

［123］ Papadias D, Sellis T, Theodoridis Y, et al. Topological relations in the world of minimum bounding rectangles: a study with R-trees ［J］. SIGMOD Rec., 1995, 24（2）: 92~103.

［124］ 曹菡, 陈军, 杜道生. 空间目标方向关系的定性扩展描述 ［J］. 测绘学报, 2001, 30（2）: 162~167.

［125］ 杜世宏, 王桥, 杨一鹏. GIS 中由单种细节方向关系推理拓扑关系的方法 ［J］. 计算机辅助设计与图形学学报, 2005, 17（6）: 1226~1232.

［126］ 杜世宏, 王桥, 杨一鹏. 一种定性细节方向关系的表达模型 ［J］. 中国图象图形学报, 2004, 9（12）: 1496~1503.

［127］ 邓敏, 赵彬彬, 徐震, 等. GIS 空间目标间距离表达方法及分析 ［J］. 计算机工程与应用, 2011, 47（1）: 35~39.

［128］ Gatrell A C. Distance and Space-a geographical perspective ［M］. Oxford, 1983.

［129］ 刘新, 李成名, 刘文宝. GIS 中定性距离推理 ［J］. 辽宁工程技术大学学报（自然科学版）, 2009（5）: 712~715.

［130］ 潘瑜春, 钟耳顺, 梁军. 基于空间数据库技术的地籍管理系统研究 ［J］. 地理研究, 2003, 22（2）: 237~244.

［131］ 李骁, 范冲, 邹峥嵘. 空间数据存储模式的比较研究 ［J］. 工程地质计算机应用, 2009（2）: 1~3.

［132］ OGC. OpenGIS® Implementation Specification for Geographic information - Simple feature access—Part 2: SQL option ［EB/OL］. Open Geospatial Consortium, Inc., 2006. http://www.opengeospatial.org/standards/sfs.

［133］ OGC. OpenGIS Simple Features Specification for SQL（Revision 1.1）［EB/OL］. Open GIS Consortium, Inc., 1999. http://portal.opengeospatial.org/files/? artifact_id=829.

［134］ 姜晓轶, 周云轩, 蒋雪中. 基于 OGC 简单要素规范的面向对象时空数据模型 ［J］. 地理信息世界, 2006, 4（5）: 10~16.

［135］ 阎超德, 赵学胜. GIS 空间索引方法述评 ［J］. 地理与地理信息科学, 2004, 20（4）: 23~26.

［136］ 陈菲, 秦小麟. 空间索引的研究 ［J］. 计算机科学, 2001, 28（12）: 59~62.

[137] 张丽芬，王晓华，胡景松，等．基于网格划分的几种空间索引 [J]．北京理工大学学报，2004，24（2）：140~144.

[138] 胡久乡，何松．空间数据库网格索引机制的最优划分 [J]．计算机学报，2002，25（11）：1227~1230.

[139] 周勇，何建农，涂平．自动调配的层次网格空间索引技术 [J]．计算机应用，2005，25（6）：1401~1404.

[140] 马亚明，张亚军，张瑞生．嵌入式 GIS 中矢量地图快速显示策略研究 [J]．测绘科学技术学报，2009，26（4）：300~304.

[141] Guttman A．R-trees：a dynamic index structure for spatial searching [M]．ACM，1984：47~57.

[142] 翟巍．三维 GIS 中大规模场景数据获取，组织及调度方法的研究与实现 [D]．大连：大连理工大学，2003.

[143] 侯哲威，王青山，丁琳，等．基于平衡兴趣树的 P2P 空间数据服务调度 [J]．计算机应用研究，2009，26（9）：3414~3417.

[144] 孙卡，吴冲龙，刘刚，等．海量三维地质空间数据的自适应预调度方法 [J]．武汉大学学报（信息科学版）2011，36（2）：140~143.

[145] 郭丙轩，张京莉，张志超．基于内存池的空间数据调度算法 [J]．计算机工程，2008，34（6）：63~64.

[146] 马荣华，戴锦芳．GIS 的分层与特征的数据组织模式 [J]．地球信息科学，2003，5（3）：42~46.

[147] 严蔚敏，吴伟民．数据结构 [M]．北京：清华大学出版社，2007.

[148] Egenhofer M J．Spatial SQL：A query and presentation language [J]．Knowledge and Data Engineering，IEEE Transactions on，1994，6（1）：86~95.

[149] 毛红梅，聂承启．一种将 NFA 到最小化 DFA 的方法 [J]．计算机与现代化，2004，（10）：6~7.

[150] Calitha. http：//www.calitha.com/goldparser.html.

[151] 兰小机．GML 空间数据存储索引查询 [D]．南京：南京师范大学，2005.

[152] Brinkhoff T，Kriegel H P，Schneider R，et al．Multi-step processing of spatial joins [M]．ACM，1994.

[153] 雷振，邓跃进，吉建培．GDC 支持下的空间数据语义转换模型 [J]．地理空间信息，2010（5）：27~30.

[154] 唐泽圣．三维数据场可视化 [M]．北京：清华大学出版社，1999.